Das Maultier

Eine Abhandlung über seine Zucht, Ausbildung und Verwendungsmöglichkeiten

Harvey Riley

Writat

Diese Ausgabe erschien im Jahr 2024

ISBN: 9789359948942

Herausgegeben von
Writat
E-Mail: info@writat.com

Inhalt

VORWORT.

Es gibt kein nützlicheres oder willigeres Tier als das Maultier. Und vielleicht gibt es kein anderes Tier, das so sehr misshandelt oder so wenig gepflegt wird. Die öffentliche Meinung über seine Natur war nicht positiv; und er musste sein Leben lang gegen die Vorurteile der Unwissenden ankämpfen und kämpfen. Dennoch war er der große Freund des Menschen und diente ihm im Krieg und im Frieden gut und treu. Wenn er dem Menschen sagen könnte, was er am meisten braucht, wäre es eine freundliche Behandlung. Wir alle wissen, wie viel getan werden kann, um den Zustand und das Wohlbefinden dieses Tieres zu verbessern. und er ist ein wahrer Freund der Menschheit, der zu seinem Wohl tut, was er kann. Mein Ziel beim Schreiben dieses Buches war es, mein Möglichstes zu tun, um eine dringend benötigte Reform in der Zucht, Pflege und Behandlung dieser Tiere herbeizuführen. Lassen Sie mich darum bitten, dass meine Ausführungen zum Wert einer freundlichen Behandlung sorgfältig gelesen und befolgt werden. Ich habe dreißig Jahre Erfahrung im Umgang mit diesem Tier und habe in dieser Zeit sein Wesen untersucht. Das Ergebnis dieser Studie ist, dass Freundlichkeit sowohl der Menschheit als auch der Wirtschaft am besten nützt. Mir kam es in der Tat so vor, als könnte die Regierung jedes Jahr eine große Ersparnis erzielen, wenn sie nur solche Fuhrleute und Wagenführer beschäftigte, die gründlich in der Behandlung und Bewirtschaftung von Tieren geschult und in jeder Hinsicht qualifiziert waren, ihre Aufgaben ordnungsgemäß zu erfüllen. In der Tat wäre es nur vernünftig, einem Mann ein wertvolles Gespann von Tieren oder vielleicht einen Zug nicht anzuvertrauen, bis er gründlich in deren Verwendung eingewiesen wurde und von der Abteilung des Quartiermeisters eine Befähigungsbescheinigung erhalten hat. Wenn dies geschehen würde, wäre es ein großer Schritt, ein System zu schaffen, das die große Zerstörung des Tierlebens eindämmen würde, die die Regierung jedes Jahr eine so hohe Summe kostet.

Personalwesen

WASHINGTON, D.C., *12. April 1867.*

NOTIZ.

Ich habe in einem anderen Teil dieser Arbeit davon gesprochen, dass das Maultier frei von Schienen ist. Vielleicht hätte ich sagen sollen, dass ich trotz der Anzahl, mit der ich zu tun hatte, noch nie einen gesehen habe, der es hatte. Ich weiß, dass es Leute gibt, die behaupten, dass sie Maultiere gesehen haben, die davon betroffen waren. Zur Korrektur sollte ich hier noch erwähnen, dass es noch eine weitere Krankheit gibt, die das Maultier nicht mit dem Pferd gemeinsam hat, und zwar den Viertelriss. Derselbe Grund, der sie davon abhält, einen Viertelriss zu bekommen, schützt sie vor einem Splittern – der Mangel an Frontalwirkung.

Viele Menschen behaupten, dass ein Maultier kein Knochenmark in den Beinknochen habe. Das ist ein sehr einzigartiger Fehler. Der Knochen des Maultierbeins hat einen Hohlraum und ist ebenso gut mit Knochenmark gefüllt wie der des Pferdes. Es variiert auch im gleichen Verhältnis wie beim Pferdebein. Bei manchen Pantoletten kann es jedoch zu Rissen und Rissen an den Füßen kommen, in den meisten Fällen ist dies jedoch auf einen schlechten Beschlag zurückzuführen. Es kommt manchmal vor, dass dem Fuß Feuchtigkeit fehlt; Man sieht ihn bei Maultieren, die in Städten verwendet werden, wo es keine Möglichkeit gibt, sie jeden Tag ins fließende Wasser zu treiben, um die Füße aufzuweichen und feucht zu halten.

KAPITEL I.
WIE MULES BEIM BRECHEN BEHANDELT WERDEN SOLLTEN.

Ich habe schon lange darüber nachgedacht, etwas über das Maultier zu schreiben, in der Hoffnung, dass es denjenigen von Nutzen sein könnte, die mit ihm zu tun hatten, sowohl innerhalb als auch außerhalb der Armee, und sie mit seinen Gewohnheiten und Gewohnheiten besser vertraut zu machen Nützlichkeit. Das geduldige, schwerfällige Maultier ist in der Tat ein Tier, das uns in der Armee gute Dienste geleistet und im letzten Krieg viel Gutes für die Menschheit getan hat. Er war in Wirklichkeit eine Notwendigkeit für die Armee und die Regierung und spielte eine äußerst wichtige Rolle bei der Versorgung unserer Armee im Feld. Dass er bei den künftigen Bewegungen unserer Armee eine ebenso wichtige Rolle spielen wird, ist ebenso klar und sollte von der Regierung nicht aus den Augen verloren werden. Es kam mir daher etwas seltsam vor, dass so wenig über ihn geschrieben wurde und so wenig Mühe darauf verwendet wurde, seine Qualität zu verbessern. Ich habe in der Armee festgestellt, dass diejenigen, die am meisten mit ihm zu tun hatten, mit seinen Gewohnheiten am wenigsten vertraut waren und sich am wenigsten Mühe gaben, seine Veranlagung zu studieren oder herauszufinden, wie er mit geeigneten Mitteln am nützlichsten gemacht werden könnte. Die Regierung hätte Hunderttausende Dollar sparen können, wenn bei Kriegsbeginn bei ihren Angestellten ein angemessenes Verständnis für dieses Tier vorhanden gewesen wäre.

Wahrscheinlich wurde kein Tier grausamer und brutaler behandelt als das Maultier, und man kann mit Sicherheit sagen, dass kein Tier seine Aufgabe jemals besser erfüllt hat, nicht einmal das Pferd. Beim Zureiten eines Maultiers verlieren die meisten Menschen die Geduld. Ich selbst habe die Geduld mit ihm verloren. Aber Geduld ist das Wichtigste beim Zureiten, und wenn Sie sie anwenden, werden Sie feststellen, dass Sie viel besser zurechtkommen. Das Maultier ist ein unnatürliches Tier und daher furchtsamer gegenüber dem Menschen als das Pferd; und dennoch ist es lenkbar und man kann ihm beibringen, zu verstehen, was Sie von ihm wollen. Und wenn es versteht, was Sie wollen, und Ihr Vertrauen gewonnen hat, werden Sie, wenn Sie es freundlich behandeln, wenig Mühe haben, es dazu zu bringen, seine Pflicht zu erfüllen.

Wenn Sie damit beginnen, das Maultier zu brechen, halten Sie es vorsichtig fest und sprechen Sie freundlich mit ihm. Springe nicht auf ihn los, als wäre er ein Tiger, vor dem du Angst hast. Schrei ihn nicht an; verarsche ihn nicht; Schlagen Sie ihn nicht mit der Keule, wie es allzu oft geschieht; sei nicht aufgeregt, wenn er springt und tritt. Gehen Sie auf ihn zu und behandeln Sie ihn so, wie Sie es mit einem bereits gebrochenen Tier tun würden, und durch

Freundlichkeit wird Ihr Maultier in weniger als einer Woche gefügiger, besser gebrochen und freundlicher sein, als Sie es in einem Monat hätten, wenn Sie die Peitsche benutzt hätten. Mit ganz wenigen Ausnahmen sind Pantoletten die geborenen Kicker. Züchte sie so, wie du willst. Sobald sie aufstehen können und du deine Hand auf sie legst, werden sie treten. Es ist in der Tat ihr natürliches Verteidigungsmittel, und sie greifen mit der Kraft ihres Instinkts darauf zurück. Um sie zu brechen, ist das Treten das erste, wovor man sich hüten und das man überwinden muss. Das junge Maultier tritt, weil es Angst vor einem Mann hat. Er hat gesehen, wie diejenigen, die mit ihrer Fürsorge betraut sind, die Älteren schlagen und misshandeln, und er fürchtet ganz natürlich die gleiche Behandlung, sobald ein Mann auf ihn zukommt. Die meisten Personen, denen die Pflege dieser jungen, grünen Maultiere anvertraut ist, haben nicht genug Erfahrung mit ihnen, um zu wissen, dass dieser Trittfehler am schnellsten durch eine freundliche Behandlung behoben werden kann. Sorgfältiges Studium der Natur des Tieres und langjährige Erfahrung mit dem Tier haben mich gelehrt, dass das Auspeitschen und die harte Behandlung das Maultier fast ausnahmslos zu einem schlechteren Kicker machen, wenn es darum geht, es zu brechen. Sie machen ihn auf jeden Fall ängstlicher und ängstlicher vor dir. Und solange du gegen ein junges Maultier kämpfst und ihm Angst vor dir verschafft, so lange wirst du in der Gefahr sein, dass er dich tritt. Sie müssen ihn durch Freundlichkeit davon überzeugen, dass Sie ihn nicht verletzen oder bestrafen werden. Und je früher Sie dies tun, desto eher sind Sie außer Gefahr vor seinen Füßen.

Manchmal kann es notwendig werden, das Maultier zu korrigieren, bevor es unterworfen wird; aber bevor er dies tut, sollte er gut gezäumt oder mit Halftern ausgestattet sein und auch an das Geschirr gewöhnt sein. Ihm sollte auch klar gemacht werden, wofür Sie ihn auspeitschen. Beim Anspannen eines Maultiers, das mit den Vorderpfoten treten oder schlagen kann, erhält man ein Seil oder, wie wir es in der Armee nennen, ein Lariat. Werfen oder legen Sie die Schlinge davon über seinen Kopf und achten Sie dabei darauf, dass die Schlinge ihn nicht erstickt. Bringen Sie dann das Maultier auf die vordere Seite eines Wagens, stecken Sie das Ende des Lassos durch den Raum zwischen den Speichen des Vorderrads und ziehen Sie dann das Ende durch, so dass Sie damit zum Hinterrad zurückgehen können (achten Sie darauf). Halten Sie es fest), führen Sie es dann hindurch und ziehen Sie das Maultier dicht an den Wagen heran. In dieser Position können Sie ihn zügeln und anschirren, ohne befürchten zu müssen, dass er verkrüppelt wird. Beim Durchführen des Seils durch die oben genannten Stellen sollte es durch die Räder geführt werden, so dass es vorne bis zur Brust des Maultiers und hinten an die Flanken reicht. Indem sie sie auf diese Weise schnell machen, treten sie häufig so lange, bis sie über das Seil oder Lariat gelangen; Daher ist es notwendig, es so hoch wie möglich zu halten. Wenn Sie zufällig auf ein

Maultier stoßen, das so wild ist, dass Sie es auf diese Weise nicht bewältigen können, stecken Sie eine Schlinge des Lassos in das Maul des Maultiers und lassen Sie das Auge oder den Teil, durch den Sie das Ende des Lassos stecken, so sein, dass es so bleibt eine weitere Schlinge bilden. Platzieren Sie diese direkt an der Ohrwurzel des Maultiers, ziehen Sie sie fest und achten Sie darauf, dass die Schlinge an der gleichen Stelle bleibt. Aber wenn Sie es fest genug angezogen haben, lassen Sie jemanden das Ende des Lassos festhalten, und, mein Wort dafür, Sie werden das Maultier ohne große weitere Mühe aufzäumen.

Wenn Sie das Maultier an einen Wagen koppeln, wenn es wild oder bösartig ist, halten Sie das Lasso so, wie ich es beschrieben habe, bis Sie es angehängt haben, und lassen Sie es dann vorsichtig locker, da fast alle Maultiere sofort bocken oder mit steifen Beinen springen Du entspannst das Lasso; Achten Sie darauf, das Seil beim ersten Anlegen nicht zu fest zu ziehen, da Sie sonst das Maul des Maultiers spalten könnten. Lassen Sie mich hier sagen, dass ich Tausende von Vier- und Sechs-Maultier-Gespannen gebrochen habe, bei denen keines der Tiere jemals ein Geschirr angelegt hatte, als ich mit ihnen angefangen habe, und dass ich jahrelang Sechs-Maultier-Gespanne an der Grenze geführt habe. Aber ich habe noch nicht das erste Team ungebrochener Maultiere gesehen, das mit einiger Sicherheit gefahren werden könnte. Ich möchte nicht sagen, dass sie nicht auf dem Weg dorthin erreicht werden können; Aber ich halte es für kein Fahren, das diesen Namen verdient, wenn ein Fahrer sein Team nicht in angemessener Zeit an jeden Ort bringen kann, den er haben möchte – und das kann er nicht mit unzerstörten Maultieren. Mit grünen oder ungebrochenen Maultieren müssen Sie sie ohne Peitsche jagen oder treiben, bis Sie ihnen klar machen, dass Sie möchten, dass sie einen Wagen heranziehen. Wenn Sie sie in einen Wagen gesteckt haben, drehen Sie ihre Köpfe in die Richtung, in die sie gehen sollen. Überzeugen Sie sie dann durch Ihre Freundlichkeit, dass Sie sie nicht misshandeln werden, und in zwölf Tagen sorgfältiger Behandlung werden Sie in der Lage sein, sie nach Belieben zu lenken.

Beim Zaumzeug des jungen Maultiers ist es notwendig, ein Gebiss zu haben, das das Maul des Tieres nicht verletzt. Hunderte von Maultieren der Regierung werden gewissermaßen durch die Verwendung eines Zaumzeugs ruiniert, das nicht viel dicker ist als der vom Telegraphen verwendete Draht. Ich meine damit nicht, dass das von der Regierung in ihren Blindzäumen verwendete Zaumzeug nicht gut für diesen Zweck geeignet ist. Bei richtiger Herstellung und ordnungsgemäßer Verwendung ist dies der Fall. Ich glaube auch nicht, dass irgendein Offiziersrat ein besseres Geschirr und einen besseren Wagen für Armeezwecke hätte aufbringen oder erfinden können, als diejenigen, die in Übereinstimmung mit der Entscheidung des Offiziersrates hergestellt wurden, der das jetzt verwendete Geschirr und den

Wagen empfahl. Das Problem bei vielen Teilen ist, dass sie nicht den Vorschriften entsprechen und zu dünn sind. Und wenn der Kopf des Tieres zu fest gezügelt wird, was bei Fuhrleuten der Armee sehr wahrscheinlich der Fall ist, verursacht das mit Sicherheit ein schmerzendes Maul.

Es gibt nur wenige Dinge, vor denen man sich beim Zähmen eines Maultiers so sorgfältig hüten sollte wie vor diesem. Sobald das Tier nämlich ein wundes Maul bekommt, kann es nicht mehr gut essen und wird unruhig; dann kann es nicht mehr gut trinken, und da sein Maul immer wieder an den Seiten aufplatzt, kann es bald kein Wasser mehr darin behalten, und bei jedem Schluck, den es zu nehmen versucht, spritzt das Wasser seitlich über dem Gebiss heraus. Sobald das Maultier merkt, dass es nicht ohne dieses Problem trinken kann, steckt es ganz natürlich seine Nase in das Wasser oberhalb der Stelle, an der sein Maul gespalten ist, und trinkt, bis es wegen Atemnot aufhören muss, obwohl es nicht genug Wasser getrunken hat. Das Tier wirft natürlich seinen Kopf hoch, und der dumme Fuhrmann treibt das Maultier im Allgemeinen vom Wasser weg, wobei sein Durst etwa zur Hälfte gestillt ist.

Maultiere mit derart gespaltenem Maul sind nicht für den Einsatz in Gespannen geeignet. Je schneller sie herausgeholt und geheilt werden, desto besser für die Armee und die Regierung. Ich habe häufig gesehen, wie Züge der Regierung mehrere Minuten aufgehalten wurden, die Straße blockierten und den Zug in Unordnung brachten, um einem Maultier mit gespaltenem Maul Zeit zum Trinken zu geben. Wenn ich Gespanne für einen Zug zusammenstelle, lasse ich ausnahmslos alle Maultiere aus, deren Maul nicht in einem gesunden Zustand ist, und dies tue ich ohne Rücksicht auf die Art oder Qualität des Tieres. Aber das Maul des Maultiers kann vor dem von mir beschriebenen Zustand bewahrt werden, wenn das Gebiss richtig hergestellt wird.

Das Gebiss sollte einen Durchmesser von 1 Zoll und 7/8 Zoll und einen Durchmesser von 5 Zoll im Zug oder zwischen den Ringen haben. Es sollte außerdem einen Schwung von 1/4 Zoll auf 5 Zoll Länge haben. Ich beziehe mich jetzt auf das Gebiss für den Blindzaum. Mit einem Gebiss dieser Art ist es fast unmöglich, das Maul des Maultiers zu verletzen, es sei denn, es ist sehr jung, und dann kann es nicht passieren, wenn das Tier mit der nötigen Sorgfalt behandelt wird.

Es gibt noch eine weitere Sache in Bezug auf das Anschirren des Maultiers, die ich hier erwähnenswert finde. Regierungsfuhrleute sehen es im Allgemeinen gern, wenn der Kopf eines Maultiers fest angebunden ist. Ich gestehe, dass ich trotz all meiner Erfahrung nie den Nutzen gesehen habe, der daraus zu ziehen wäre. Ich habe immer festgestellt, dass das Maultier besser arbeitet, wenn man Kopf und Hals in einer natürlichen Position halten kann. Ohne Anspannung leistet es mehr Arbeit, zieht schneller und verschleißt das Maultier, das angebunden ist. Gegenwärtig werden fast alle staatlichen Maultiergespanne angebunden und mit einem einzigen Zügel geführt. Dies ist die alte Virginia-Methode, Maultiere anzutreiben. Früher hieß es, jeder Neger wisse genug, um Maultiere anzutreiben. Ich fürchte, die Regierung hat zu lange nach dieser Idee gehandelt.

Ich habe bisher nur einen einzigen Grund dafür gehört, die Köpfe eines Maultiergespanns festzuhalten, und zwar den, dass die Tiere dadurch besser aussahen.

Der nächste Punkt, der besondere Aufmerksamkeit erfordert, ist die Anbringung. Während des Krieges wurde es üblich, die Zugketten oder, wie manche sie nennen, die Spurketten zu zerschneiden. Ziel war es, das Maultier näher an seine Arbeit heranzuführen. Die Theorie wurde von den Pferdeschnüren übernommen, mit denen Eisenbahnwaggons durch Städte gezogen wurden. Pferde, die auf diese Weise zum Transport von Autos eingesetzt werden, werden im Allgemeinen morgens, mittags und abends gefüttert; und sind in der Lage, einem Schaukelbaum aus dem Weg zu gehen, wenn er so tief herabgelassen wird, dass er auf die Bremse tritt, wie es in der Armee allzu oft der Fall war. Außerdem ist die Koppel des Wagens oder der Teil, an dem das Pferd befestigt wird, zwei Drittel so hoch wie ein gewöhnliches Tier, was, wie man auf den ersten Blick sieht, ausreicht, um den Schaukelbaum von ihm fernzuhalten Absätze. Nun ist die Zunge eines Regierungswagens etwas ganz anderes. Im richtigen Zustand ist es ungefähr so groß wie die Sprunggelenke eines Maultiers; und besonders in den letzten beiden Kriegsjahren war es üblich, das Maultier so nah an den Schaukelbaum heranzuziehen, dass seine Sprunggelenke ihn berührten. Das Ergebnis dieser Art des Ankuppelns ist, dass das Maultier ständig versucht, dem Schaukelbaum aus dem Weg zu gehen, und als es feststellt, dass ihm das nicht gelingt, wird es entmutigt. Und sobald er dies tut, wird er zurückbleiben; Und wenn ihm das ständige Schlagen weh tut, spreizt er seine Hinterbeine und versucht, den Schlägen auszuweichen; und dabei vergisst er sein Geschäft und wird gereizt. Das erregt den Fuhrmann, und in neunundneunzig von hundert Fällen wird er das Tier grausam schlagen und bestrafen, in der Erwartung, es dadurch von der Krankheit zu heilen. Aber anstatt das Maultier zu beruhigen, wird er es nur noch schlimmer machen, was unter keinen Umständen getan werden sollte. Der richtige Weg, und das sage ich aus langjähriger Erfahrung, besteht darin, das Gespann sofort anzuhalten und alle Leinen so weit herauszulassen, dass der Schaukelbaum auf halbem Weg zwischen dem Sprunggelenk und der Ferse des Baumes schwingen kann Huf. Mit anderen Worten: Geben Sie ihm zwischen dem Halsband und dem Schaukelbaum genügend Platz zum Hin- und Hertreten, so dass der Schaukelbaum seine Beine beim Gehen mit seinen längsten Schritten nicht berühren kann. Wenn die obige Regel befolgt wird, wird das Tier nicht dazu neigen, den Schaukelbaum zu berühren. Tatsächlich wird es ihn nicht berühren, es sei denn, er ist faul; Und in diesem Fall gilt: Je früher Sie sich ein anderes Maultier zulegen, desto besser. Ich sage das, weil ein faules Maultier ein gutes Team ausnahmslos verderben wird. Ein faules Maultier wird mit der Peitsche bei seiner Arbeit gehalten, werden Sie sagen; aber wenn man ein faules Tier auspeitscht, hält man die anderen in einem solchen Zustand der Aufregung, dass sie mit Sicherheit arm und wertlos werden.

Es gibt noch einen weiteren Vorteil, wenn die Zugketten mit der von mir beschriebenen Länge arbeiten. Es ist folgendes: Die Beamten, die den Rat bildeten, der die Zugkette empfahl, empfahlen auch eine Reihe großer Glieder an einem Ende der Kette, damit sie je nach Wunsch länger oder kürzer gemacht werden konnte. Wenn es in Übereinstimmung mit der Empfehlung dieses Vorstands hergestellt wird, kann es so herausgelassen werden, dass es in das größte Maultier passt, und kann hochgezogen werden, um in das kürzeste zu passen. Wenn ich das sage, meine ich solche Tiere, die gemäß den Standards der Abteilung des Generalquartiermeisters aufgenommen werden.

KAPITEL II.
Die Nachteile von zu jungen Arbeitspantoletten.

Viele der während des Krieges von der Regierung gekauften Maultiere waren viel zu jung für den Einsatz. Dies war insbesondere im Westen der Fall, wo sowohl der Auftragnehmer als auch der Inspektor nur darauf bedacht zu sein schienen, der Regierung so viele wie möglich zu überlassen, ohne Rücksicht auf Alter oder Qualität. Ich habe während des Krieges Maultiere angeschirrt oder vielmehr versucht, sie anzugeschirren, die so jung und klein waren, dass man keine Kummete bekommen konnte, die klein genug waren, um ihnen zu passen. Was das Geschirr anging, so waren sie fast darin begraben. Viele dieser kleinen Maultiere waren erst zwei Jahre alt. Diese Tiere waren für die Regierung lange Zeit nutzlos. Tatsächlich hätte der Inspektor genauso gut sein Zertifikat für eine Menge Milchkühe ausstellen können, da sie unsere Transportkraft verstärkten. Eine weitere Quelle des Ärgers war eine falsche Meinung darüber, was ein junges Maultier tun könnte und wie es gefüttert werden sollte. Arbeitgeber und andere, die während des Krieges junge Maultiere in ihrer Obhut hatten, hatten im Allgemeinen überschüssiges Futter zur Hand. Als sie an einem Ort waren, wo neun Pfund Getreide und vierzehn Pfund Heu beschafft werden konnten, wurde die volle Menge gekauft. Der daraus resultierende Überschuss erregte Aufmerksamkeit, und viele fragten sich, warum die Regierung die Futterrationen für Maultiere nicht reduzierte. Diese Leute ahnten nicht einen Augenblick lang, dass ein dreijähriges Maultier so viele lose Zähne im Maul hat, dass es kaum in der Lage ist, ein Maiskorn zu knacken oder Hafer zu kauen.

Ein weiterer Punkt in diesem Fall ist folgender: Mit drei Jahren ist ein Maultier im Allgemeinen in einem schlechteren Zustand als in jedem anderen Lebensabschnitt. Mit drei Jahren ist er anfälliger für Staupe, wunde Augen und Entzündungen aller Kopf- und Körperteile. Er wird ziemlich geschwächt, weil er nicht essen kann, wird locker und hager und ist zu diesem Zeitpunkt anfälliger und anfälliger für ansteckende Krankheiten als bei jeder anderen Veränderung, die er durchmachen könnte. Es gibt nur einen sicheren Weg, dieses Übel zu beheben. Kaufen Sie keine drei Jahre alten Maultiere, um sie an die Arbeit zu bringen, für deren Leistung ein fünf oder sechs Jahre altes Maultier erforderlich ist. Sechs dreijährige Maultiere sind genauso fit, fünfzehn Meilen am Tag zurückzulegen, wenn ein Armeewagen mit 2500 Stück beladen ist, und ihr Futter ist genauso fit wie ein sechsjähriger Junge, der die Arbeit eines Mannes verrichten kann. Während der ersten zwölf Kriegsmonate hatte ich die Leitung von einhundertsechs Maultiergespannen inne, und mir fiel besonders auf, dass auf den Fahrten, die ich mit den Gespannen unternahm, kein einziges einsames Maultier im Alter von sechs Jahren aufgab. Mir ist auch aufgefallen, dass die Dreijährigen in den meisten Fällen nachgaben oder so ermüdet in den Beinen waren, dass sie dem Schaukelbaum kaum ausweichen konnten, wohingegen die Vierjährigen und älter fröhlich und munter waren konnten ihr Futter fressen, als sie ins Lager kamen. Die drei Jahre alten Maultiere legten sich hin und aßen vor lauter Erschöpfung keinen Bissen. Mir fiel auch auf, dass fast alle drei Jahre alten Maultiere, die 1857 nach Utah gingen, in diesem Winter erfroren, während diejenigen, deren Alter zwischen vier und zehn Jahren schwankte, den Winter überstanden und im Frühjahr in gutem Arbeitszustand herauskamen Zustand. Im August 1855 trieb ich ein sechsköpfiges Maultiergespann, beladen mit zwölf Säcken Getreide, von Fort Leavenworth am Missouri River nach Fort Riley im Kansas-Territorium. Für die Reise brauchten wir dreizehn Tage. Als wir Fort Riley erreichten, gab es in dem Zug von einhundertfünfzig Maultieren nicht fünfzig, die auf dem öffentlichen Verkauf für dreißig Dollar verkauft worden wären, und viele gaben auf, weil sie zu jung waren und keine angemessene Behandlung erhielten. Im Herbst 1860 lenkte ich ein Gespann aus sechs Maultieren, beladen mit 3000 kg, 25 Tagesrationen für mich und einen anderen Mann und zwölf Tage Lagerraum für das Gespann, wobei jedem Maultier pro Tag zwölf Pfund erlaubt waren . Ich fuhr dieses Team nach Fort Laramie im Nebraska-Territorium und von dort nach Fort Leavenworth am Missouri River. Ich habe die Hin- und Rückfahrt in achtunddreißig Tagen zurückgelegt und davon mehr als zweieinhalb Tage eingeplant. Die zurückgelegte Strecke betrug zwölfhundertsechsunddreißig Meilen. Nach einer Pause von zwei Tagen startete ich mit demselben Team und fuhr in fünf Tagen nach Fort Scott im Kansas-Territorium, eine Strecke von 120 Meilen. Ich folgte Harneys Befehl und hatte die meiste Zeit kein Heu und war gezwungen, unsere Tiere von trockenem Präriegras zu ernähren, und selbst davon war der Vorrat dürftig. Dennoch glaube ich nicht, dass irgendein Maultier im Team auch nur zehn Pfund Fleisch verloren hat. Jedes dieser Maultiere war, sagen wir mal, über fünf Jahre alt.

Im Jahr 1858 fuhr ich mit einem Maultierzug nach Camp Floyd in Utah, 48 Meilen südlich von Salt Lake City. Während des Marsches gab es Tage und Nächte, an denen ich keinen Tropfen Wasser für die Tiere bekommen konnte. Die jungen Maultiere, drei und vier Jahre alt, gaben vor lauter Erschöpfung auf; während die Älteren mithalten konnten und die Wagen ziehen mussten. Nun gibt es viele Zwecke, für die ein junges Maultier mit Vorteil eingesetzt werden kann; Für militärische Zwecke sind sie jedoch völlig ungeeignet, und je früher die Regierung aufhört, sie zu verwenden, desto besser.

Wenn sie für den Einsatz in der Armee gekauft werden, werden sie fast sicher in einen Zug verfrachtet und der Gnade irgendeines Fuhrwerksfahrers ausgeliefert, der nicht das Geringste über den Charakter des Tieres weiß. Und hier möchte ich sagen, dass während des Krieges Tausende der besten Maultiere der Armee ruiniert und für die Regierung nutzlos geworden sind, aufgrund der Unfähigkeit und Unwissenheit der Wagenführer und Fuhrwerksfahrer, die mit ihnen zu tun hatten. Personen, die private Gespanne und Pferde besitzen, legen im Allgemeinen großen Wert darauf, den Charakter der Person zu kennen, die sich um sie kümmert, und sich zu vergewissern, dass sie ihr Geschäft versteht. Ist sie ein guter Kutscher? Ist sie ein guter Pferdepfleger? Ist sie sorgfältig beim Füttern und Tränken? Das sind die Fragen, die gestellt werden, und wenn sie diese Eigenschaften nicht haben, wird sie nicht arbeiten. Aber einem Fuhrwerksfahrer in der Armee werden diese Fragen nicht gestellt. Nein, ihm wird ein wertvolles Gespann anvertraut, und es wird von ihm erwartet, dass er sich angemessen darum kümmert, obwohl er nicht die beste Qualifikation dafür hat. Wenn ihm überhaupt eine Frage gestellt wird, dann nur, ob er schon einmal ein Gespann gelenkt hat. Wenn er diese Frage bejaht und freie Stellen gibt, wird er sofort eingestellt, auch wenn er vielleicht nicht weiß, wie man ein Maultier richtig am Kopf führt. Das ist nicht nur bei Fuhrwerksführern der Fall. Ich habe Wagenmeister gekannt, die wirklich nicht wussten, wie man ein Sechsergespann aufrichtet oder ihnen auch nur das Geschirr richtig anlegt. Und dennoch hat der Wagenmeister fast die vollständige Macht über den Zug. Daraus lässt sich leicht erkennen, wie viel wertvolles Eigentum zerstört werden kann, wenn man unfähige Leute an solche Stellen setzt. Wagenmeistern sollte es meiner Meinung nach unter keinen Umständen erlaubt sein, einen Zug mit Tieren jeglicher Art zu besitzen oder zu leiten, bis sie vollkommen kompetent sind, ein Sechsergespann zu handhaben, anzuschirren und zu lenken.

Es gibt noch eine weitere Angelegenheit, die einer wesentlichen Verbesserung bedarf. Ich beziehe mich jetzt auf die Männer, die als Aufseher über die Pferche und Tierdepots unserer Regierung eingesetzt werden. Viele dieser Männer wissen wenig über das Pferd oder das Maultier und wissen fast gar nicht, was für den Transport notwendig ist. Ein Superintendent sollte über gründliche Kenntnisse über den Charakter und die Fähigkeiten aller Tierarten verfügen, die für ein gutes Team erforderlich sind. Er sollte das Alter und Gewicht der Tiere auf den ersten Blick erkennen und in der Lage sein, den am besten geeigneten Platz für die verschiedenen Tiere in einem Team zu erkennen und zu erkennen, wo jedes Tier am nützlichsten wäre. Er sollte alle Teile seines Wagens und Geschirrs auf einen Blick kennen, jedes Teil auseinander nehmen und wieder zusammensetzen können, jedes in der richtigen Form und an der richtigen Stelle, und vor allem sollte er praktische Erfahrung mit allen Arten von Tieren haben die in der Armee eingesetzt werden. Dies ist insbesondere im Krieg notwendig.

KAPITEL III.
FARBE, CHARAKTER UND BESONDERHEITEN VON MULES.

Nachdem ich das Kommando über den oberen Korral übernommen hatte, wurde mir am 7. September 1864 befohlen, die Leitung des Eastern Branch Wagon Park in Washington zu übernehmen. Zu dieser Zeit gab es im Park einundzwanzig Sechs-Maultier-Züge. An jedem Zug waren einhundertfünfzig Maultiere und zwei Pferde befestigt. Es gab jedoch Zeiten, in denen wir bis zu 42 Züge mit jeweils sechs Maultiergespannen hatten, zu denen jeweils 30 Männer gehörten. In einem Jahr ab dem oben genannten Datum haben wir mehr als vierundsiebzigtausend Maultiere gehandhabt, jedes einzelne ging unter meiner Aufsicht und durch meine Hände.

Bei der Behandlung dieser großen Anzahl von Tieren wollte ich herausfinden, welche die beste, härteste und haltbarste Farbe für ein Maultier ist. Ich tat dies, weil viele der Farbe dieser Tiere große Bedeutung beimessen. Tatsächlich haben einige unserer Offiziere sie zu einem Erkennungsmerkmal gemacht. Aber die Farbe ist meines Erachtens kein Beurteilungskriterium. Eine Ausnahme hiervon bilden vielleicht die cremefarbenen Maultiere. In den meisten Fällen sind diese cremefarbenen Maultiere eher weich und es fehlt ihnen auch an Kraft. Dies ist insbesondere bei denen der Fall, die nach der Stute kommen und Mähne und Schweif der gleichen Farbe haben. Die nach dem Esel kommenden Maultiere haben im Allgemeinen schwarze Streifen um die Beine, schwarze Mähnen und Schweif und schwarze Streifen auf dem Rücken und über den Schultern und sind robustere und bessere Tiere. Ich habe häufig gesehen, wie Männer beim Kauf einer Menge Maultiere diejenigen einer bestimmten Farbe auswählten, weil sie dachten, sie seien die robustesten, während die Tiere in ihren Arbeitsqualitäten sehr unterschiedlich waren. Sie können ein schwarzes Maultier mit schwarzer Mähne, schwarzem Haar in den Ohren, schwarzer Flanke, zwischen den Hüften oder Schenkeln und schwarzer Unterseite des Bauches nehmen und es neben ein Maultier ähnlicher Größe stellen, das an den oben beschriebenen Stellen, beispielsweise hell oder mehlig gefärbt, gekennzeichnet ist. Bringen Sie sie in den gleichen Zustand und mit gleichem Fleisch, mit gleichem Alter und ähnlicher Gesundheit, und in vielen Fällen wird das Maultier mit den hell gefärbten Stellen das andere abnutzen.

Ganz anders ist es beim weißen Maultier. Er ist im Allgemeinen weich und kann kaum Strapazen ertragen. Ich beziehe mich insbesondere auf diejenigen, die eine weiße Haut haben. Neben Weiß und Creme haben wir die eisengraue Pantolette. Diese Farbe weist im Allgemeinen auf ein robustes Maultier hin. Wir haben jetzt zwölf Teams eisengrauer Maultiere im Park, die seit Juli 1865 jeden Tag harte Arbeit leisten; wir schreiben jetzt Januar 1866. Nur eines dieser Maultiere ist nicht mehr dienstfähig, und dieses wurde durch einen Tritt seines Kumpels verletzt. Bei allen unseren anderen Teams wurden Tiere mehr oder weniger dienstuntauglich gemacht und ausgetauscht.

Wenn man von der Farbe der Maultiere spricht, darf man daraus nicht schließen, dass es keine Maultiere gibt, die alle dieselbe Farbe haben und nicht robust und ausdauernd sind. Ich hatte welche, deren Farbe von Kopf bis Fuß nicht variierte und die sehr ausdauernd waren. Aber in den meisten Fällen gaben sie, wenn sie von ihrem dritten bis zu ihrem achten oder zehnten Lebensjahr ununterbrochen beschäftigt wurden, in gewisser Weise nach und wurden zu einer Ausgabe statt zu einem Gewinn.

Es gibt verschiedene Meinungen darüber, was das Maultier unter dem Sattel leisten kann. Viele behaupten, dass man es beim Überqueren der Prärie zu fast ebenso guten Leistungen wie das Pferd bringen kann. Das trifft auf die Prärie zu. Aber dort ist es dem Pferd in jeder Hinsicht überlegen. 1858 ritt ich auf einem Maultier von Cedar Valley, 48 Meilen nördlich von Salt Lake City, nach Fort Leavenworth, Kansas, eine Entfernung von fast 1400 Meilen. Ich brach am 22. Oktober von Cedar Valley auf und erreichte Fort Leavenworth am 31. Dezember. Am Ende der Reise war das Tier völlig erschöpft.

In diesem Zustand brachte ich sie in Flemings Mietstall in Leavenworth City und wurde gefragt, ob sie vollkommen sanft sei. Man würde annehmen, dass sie in einem solchen Zustand von Natur aus sanft sei. Ich versicherte dem Stallknecht, dass sie es sei; dass ich sie fast ein Jahr lang geritten hatte und nie erlebt hatte, dass sie ausschlug. Am selben Morgen, als der Stallknecht sie füttern wollte, wurde sie plötzlich bösartig und trat ihn sehr heftig aus. Sie war damals etwa zwölf Jahre alt. Seitdem bin ich der Meinung, dass ein Maultier, wenn es vollkommen sanft wird, nicht mehr zum Dienst geeignet ist.

Besitzer von Omnibussen, Postkutschen und Stadtbahnen haben aus Kostengründen oft versucht, Maultiere einzusetzen. Aber im Großen und Ganzen war das Experiment ein Fehlschlag, und man gab es auf und kehrte zu Pferden zurück. Der Hauptgrund für diesen Misserfolg war, dass die Personen, die für sie verantwortlich waren, nichts über ihre Wesensart wussten und ihnen die für den Erfolg so notwendige Erfahrung im Umgang mit ihnen fehlte. Aber man muss zugeben, dass sie im Allgemeinen nicht gut für den Einsatz auf der Straße oder in der Stadt geeignet sind, egal wie gut man sich mit dem Fahren und Umgang mit ihnen auskennt.

Das Maultier kann in den Prärien gute Dienste leisten, unsere Armee versorgen, Kanalboote ziehen oder in Kohlengruben Autos ziehen – das sind seine Aufgaben, wo es geduldig dahintrabt und sich Zeit lassen kann.

Arbeiten dieser Art würden jedoch in fast allen Fällen den Geist des Pferdes brechen und es in kürzester Zeit unbrauchbar machen.

Ich habe gesehen, dass behauptet wurde, dass es Maultiere gab, von denen bekannt war, dass sie in drei Minuten im Geschirr trotteten. In all meiner Erfahrung habe ich so etwas noch nie gesehen und glaube nicht, dass es jemals ein Maultier gegeben hat, das so etwas tun könnte. Es ist ein bemerkenswert gutes Straßenpferd, das das kann, und ich habe noch nie ein Maultier gesehen, das sich in puncto Geschwindigkeit mit einem guten Roadster messen könnte. Ich habe einzelne und doppelte Maultiere, Tag und Nacht, zu zweit bis zu zehn in einem Gespann getrieben und sie auf jede erdenkliche Weise behandelt, und habe derzeit zweihundert der besten Maultiere in meiner Obhut Mannschaften der Welt, und es gibt nicht eine Spanne unter ihnen, die in vier Minuten über die Straße gebracht werden könnte. Es gilt für das Maultier, dass es mehr Missbrauch, mehr Schläge, mehr Strapazen und ständige Verfolgung aushält als jedes andere Tier, das in einem Gespann eingesetzt wird. Aber bei all der Arbeit, die man aus ihm herausholen kann, über die normale Tagesarbeit hinaus, muss man genauso hart arbeiten wie er, um es zu erreichen.

Ich habe einige interessante Fakten darüber erfahren, was das Maultier aushalten kann. Diese Fakten zeigen auch, was Personen, die seinen Charakter genau kennen, mit dem Tier anstellen können. Während meiner Zeit auf den Ebenen habe ich erlebt, wie Kiowa- und Camanche-Indianer nachts in unsere Pfähle einbrachen und Maultiere stahlen, die von den Weißen für völlig kaputt erklärt worden waren. Und diese Maultiere ritten sie in einer einzigen Nacht sechzig bis fünfundsechzig Meilen weit. Wie diese Indianer das schafften, konnte ich nie sagen. Ich habe wiederholt gesehen, wie Mexikaner auf Maultiere stiegen, die unsere Männer für untauglich erklärt hatten, und sie zwanzig bis fünfundzwanzig Meilen weit ritten, ohne anzuhalten. Ich erwähne dies nicht, um zu zeigen, dass ein Mexikaner mit dem Maultier mehr anfangen kann als ein Amerikaner. Er kann es nicht. Und doch scheint zwischen diesen Mexikanern und dem Maultier eine Art Kameradschaft zu bestehen. Die einen scheinen die anderen vollkommen zu verstehen; und in der Veranlagung gibt es kaum einen Unterschied. Und doch ist der Mexikaner im Umgang mit Tieren so brutal, dass ich nie einem von ihnen erlaubt habe, ein Regierungsgespann für mich zu lenken. Tatsächlich scheint ein niederer Mexikaner nicht geneigt zu sein, für einen Mann zu arbeiten, der ihm nicht die volle Freiheit beim Missbrauch von Tieren lässt.

Packende Maultiere: Der Mexikaner ist ein besserer Packer als der Amerikaner. Er hat mehr Erfahrung und versteht alle Einzelheiten besser als jeder andere Mann. Einige unserer US-Offiziere haben versucht, die Erfahrungen mit dem Greaser zu verbessern, und haben, wie sie es nannten, eine

Verbesserung am mexikanischen Packsattel vorgenommen. Aber alle Verbesserungsversuche waren völlig gescheitert. Der Ranchero auf der pazifischen Seite der Sierra Nevada ist ebenfalls ein guter Packer; und er kann das mexikanische Lasso-Rinder schlagen. Aber er ist der einzige Mann in den Vereinigten Staaten, der das kann. Der Grund dafür ist, dass sie in sehr jungem Alter in dieses Land kamen und sich gegenüber den Mexikanern dadurch verbesserten, dass sie ständig Rinder, Maultiere und Pferde um sich hatten und sie ständig fingen, um sie zu kennzeichnen und zu kennzeichnen.

Sowohl im alten als auch im neuen Mexiko gibt es eine Klasse von Maultieren, die bei uns als spanische oder mexikanische Maultiere bekannt sind. Diese Maultiere sind nicht groß, aber in Sachen Ausdauer sind sie sehr überlegen und meiner Meinung nach nicht zu übertreffen. Ich sage nicht zu viel, wenn ich behaupte, dass ich in den Vereinigten Staaten nichts gesehen habe, was mit ihnen vergleichbar wäre. Anscheinend können sie jede Menge Hunger und Missbrauch ertragen. Ich hatte drei spanische Maultiere in einem Zug von fünfundzwanzig Sechs-Maultier-Gespannen und bin von Fort Leavenworth, Kansas, auf der Expedition von Colonel (seit General) Sumner im Jahr 1857 nach Walnut Creek auf der Santa-Fé-Route gereist. eine Strecke von dreihundert Meilen in neun Tagen. Und das im August. Ich bemerkte, dass die üblichen Auswirkungen von hartem Fahren bei ihnen nur sehr wenig spürbar waren. Während des Marsches bemerkte ich auch, dass sie nach einer Pause von weniger als drei Stunden, wenn sie sich von Gras ernährten, das nur einigermaßen dicht war, besser satt werden und in einer besseren Verfassung für die Wiederaufnahme des Marsches aussehen als eines unserer amerikanischen Maultiere, das dies getan hatte ruhte fünf Stunden und hatte das gleiche Futter. Die Rasse hat natürlich etwas damit zu tun. Aber das Tier ist kleiner, kompakter als unsere Pantoletten und es braucht natürlich weniger, um es satt zu machen. Es liegt auf der Hand, dass ein Maultier mit einem Körper, der halb so groß ist wie ein Schweinskopf, seinen Hunger nicht in der Zeit stillen kann, die ein kleines Maultier dafür braucht. Das ist das Geheimnis, dass kleine Maultiere in der Prärie die großen überdauern. Der Große braucht so lange, bis er genug Futter findet, wenn das Gras knapp ist, dass er nicht genug Zeit für Ruhe und Erholung hat. Ich fand sie oft morgens beim Verlassen des Lagers genauso hungrig und entmutigt wie am Vorabend, als wir anhielten. Bei der kleinen Pantolette ist das anders. Er bekommt schnell genug zu essen und hat Zeit, sich auszuruhen und zu erfrischen. Das spanische oder mexikanische Maultier eignet sich jedoch besser als Lasttier, denn für ein Gespann. Sie sind bösartig, schwer zu brechen und zwei Drittel von ihnen treten.

Beim Durchsehen eines Buches mit dem Titel „Haustiere" fällt mir auf, dass der Autor, Herr RL Allen, den offiziellen Bericht des Landwirtschaftsausschusses von South Carolina kopiert hat und behauptet, ein Maultier sei früher einsatzbereit als ein Pferd. Das ist nicht wahr, und um das Gegenteil zu beweisen, werde ich einen meiner Ansicht nach ausreichenden Beweis anführen. Erstens ist ein dreijähriges Maultier genauso und sogar noch mehr ein Fohlen als ein Pferd. Und es ist aufgrund von Zahndurchbrüchen, Staupe und anderen Fohlenkrankheiten so schlecht in Form, wie es nur möglich ist. Wenn ein dreijähriges Maultier müde und erschöpft ist, wird es in neun von zehn Fällen so entmutigt sein, dass es nahezu unmöglich sein wird, es nach Hause oder ins Lager zu bringen. Ein Pferdefohlen wird, wenn es überhaupt lauffähig ist, fröhlich nach Hause kommen; das junge Maultier hingegen wird schmollen und sich in vielen Fällen sein Leben lang keinen Zentimeter bewegen. Ein ehrliches Pferd wird versuchen, sich selbst zu helfen und alles für Sie tun, was es kann, vor allem, wenn Sie es freundlich behandeln. Das Maultierfohlen wird wahrscheinlich alles tun, um es Ihnen und ihm unbequem zu machen.

Um zu zeigen, wie wenig Dienste dreijährige Maultiere der Regierung leisten, gebe ich die Nummer an, die ich während eines Teils der Jahre 1864 und 1865 verwaltet habe.

Am 1. September 1864 hatte ich die Obhut von fünftausendzweiundachtzig Maultieren; und im selben Monat erhielt ich zweitausendzweihundertzehn und gab an die Armeen des Potomac, der James und der Shenandoah dreitausendfünfhunderteinundsiebzig aus, die uns am 1. Oktober zur Verfügung standen , dreitausendsiebenhunderteinundzwanzig. Im Oktober erhielten wir nur neunhundertachtzig und gaben zweitausendfünfhundertdreißig aus, so dass wir am 1. November zweitausendeinhunderteinundsiebzig übrig hatten. Im November erhielten wir zweitausendeinhundertsechsundachtzig und gaben eintausendsiebenhundertsiebenundfünfzig an die Armee aus, wodurch uns am 1. Dezember zweitausendvierhundertdreißig Maultiere zur Verfügung standen. Markieren Sie nun die Todesfälle.

Im September 1864 starben im Pferch fünfzehn Maultiere. Im Oktober starben sechs. Im November drei und im Dezember acht. Sie waren alle zwei und drei Jahre alt.

Am 1. Mai 1865 hatten wir 4.120 Tiere zur Verfügung und erhielten im selben Monat 7.958. Im selben Monat gaben wir 15.563 Tiere aus, so dass wir am 1. Juni 6.487 Tiere zur Verfügung hatten. In diesem Monat erhielten wir 7.951 Tiere und gaben 11.915 Tiere aus. Unsere Maultiere wurden in diesen Monaten zum Hüten ausgesandt, und die Gesamtzahl der Todesfälle während dieser Zeit betrug 24. Aber zwei von ihnen waren über vier Jahre alt. Nun fällt mir ein, dass es für die Regierung eine große Ersparnis wäre, keine Maultiere unter vier Jahren zu kaufen. Diese Zahl der Todesfälle im Korral ist nichts im Vergleich zur Zahl der Todesfälle junger Maultiere auf dem Feld. Es ist in der Tat gut belegt, dass volle zwei Drittel der Todesfälle auf dem Feld junge Tiere unter drei Jahren betreffen. Diese Verschwendung von Tierleben ist mit Kosten verbunden, die schwer abzuschätzen sind, für die sich aber leicht eine Lösung finden ließe.

Nun ist bekannt, dass man mit einem Maultier, wenn es das Alter von vier Jahren erreicht hat, kaum Probleme mit ihm haben wird, was Krankheit und Gebrechen betrifft. Außerdem ist er im Alter von vier Jahren arbeitsfähig, und zwar gut; und er versteht auch besser, was Sie von ihm erwarten.

Das mit der Berichterstattung zu diesem Thema beauftragte Komitee gibt an, dass viele Maultiere durch die Fütterung von geschnittenem Stroh und Maismehl verloren gegangen seien. Das ist etwas völlig Neues für mich; und ich bin der Meinung, dass noch mehr Maultiere der Regierung sterben, weil sie nicht genug von diesem Stroh und Mehl bekommen. Dasselbe Komitee gibt außerdem an, dass ihnen in keinem Fall bekannt sei, dass ihnen eine andere Krankheit als eine durch die Exposition verursachte Darmentzündung zugefügt worden sei. Ich wünschte nur, dass die Mitglieder dieses Ausschusses Zugang zu den eidesstattlichen Erklärungen in der Abteilung des Generalquartiermeisters gehabt hätten – sie hätten sich dann davon überzeugt, dass Tausende von Maultieren der Regierung an fast jeder Krankheit gestorben sind, der das Pferd ausgesetzt ist. Und ich verstehe nicht, warum sie nicht denselben Krankheiten ausgesetzt sein sollten, da sie Leben und Lebendigkeit vom Pferd beziehen. Das Maultier, das sich am nächsten nach dem Wagenheber fortpflanzt und wie er gezeichnet ist, ist am widerstandsfähigsten, verträgt Ermüdungserscheinungen am besten und ist weniger anfällig für die beim Pferd üblichen Krankheiten; Diejenigen hingegen, die dicht hinter der Stute brüten und keine Spuren des Buben an sich haben, unterliegen ihnen allen.

Zu Beginn dieses Kapitels sprach ich über die Farbe der Maultiere. Abschließend möchte ich noch einige Bemerkungen zu diesem Thema machen, die den Leser interessieren könnten. Wir haben derzeit drei graubraune Maultiere im Einsatz, die 1862 an die Potomac-Armee übergeben wurden, alle Feldzüge dieser Armee mitmachten und im Juni 1865 wieder zu uns zurückgebracht wurden. Sie waren ununterbrochen im Einsatz und waren dennoch in gutem Zustand, robust und hellwach, als sie abgegeben wurden. Diese Maultiere haben einen schwarzen Streifen über die Schultern und den Rücken und sind sogenannte „dunkelbraune Maultiere". Wir haben auch das einzige vollständige Gespann, das alle Feldzüge der Potomac-Armee mitgemacht hat. Es wurde im September 1861 in Annapolis, Maryland, unter Captain Santelle, AQM, ausgerüstet. Sie sind jetzt in gutem Zustand und allem, was wir im Korral haben, ebenbürtig. Die Leittiere sind sehr schöne Tiere. Sie sind vierzehn Handbreit groß, einer wiegt achthundert, der andere achthundertfünfundvierzig Pfund. Einer der mittleren Anführer

wiegt neunhundert, der andere neunhundertsiebenundvierzig Pfund und ist
vierzehneinhalb Handbreit groß.

KAPITEL IV.
KRANKHEITEN, FÜR DIE Maultiere anfällig sind.
– WAS ER ZIEHEN KANN, USW., USW.

Das Komitee sagt auch, dass das Maultier in seinem Zug ein stabileres Tier sei als das Pferd. Ich denke, das ist der größte Fehler, den der Ausschuss gemacht hat. Man muss nur beobachten, wie ein Lastwagen oder ein schwer beladener Wagen ein Maultier herumwirft und wie es sich auf der Straße herumwirft, um sich davon zu überzeugen, dass sich das Komitee in diesem Punkt eine falsche Meinung gebildet hat. Beim Anheben einer Last arbeitet das Maultier in vielen Fällen mit seinen Füßen, als wären sie auf einem Drehpunkt befestigt, und hält daher den Boden nicht so fest wie das Pferd. Ich habe noch nie ein Maultier in einem Karren oder Karren gesehen, das verhindern konnte, dass es ihn herumschleuderte. Erstens hat er nicht die Macht, einen Wagen zu stabilisieren; und zweitens kann man ihnen das nie beibringen. Kurz gesagt, sie haben nicht die nötige Ausbildung, um einen Wagen oder Karren zu bedienen. Was wird dann aus der Vorstellung, dass sie in Wagen oder Gespannen genauso stabil sind wie das Pferd?

Das Komitee sagt auch, dass Maultiere nicht anfällig für Krankheiten sind wie Pferde – Spat, Rotz, Ringknochen und Bots. Wenn ich das Komitee hier hätte, würde ich seinen Mitgliedern zeigen, dass jedes zweite Maultier in der Abteilung des Quartiermeisters, das über fünfzehneinhalb Hände groß ist, entweder Spat, Ringknochen oder auf irgendeine Weise durch die oben genannten Krankheiten verletzt ist. Das Maultier ist vielleicht nicht so anfällig für Spat wie das Pferd, aber es hat trotzdem Ringknochen. Ich kann mir beim besten Willen nicht vorstellen, wie das Komitee in diesen Fehler geraten konnte. Allerdings ist Folgendes zu berücksichtigen: Das Maultier ist von Natur aus nicht so empfindlich wie das Pferd und erträgt Schmerzen, ohne dass sich dies in Lahmheit zeigt. Der genaue Beobachter kann es jedoch leicht erkennen. Ein Grund dafür, dass Spat und Ringknochen beim Pferd nicht so stark zu sehen sind, liegt darin, dass unsere Schmiede ihre Trachten nicht so tief schneiden wie die eines Pferdes und dieser Teil des Hufes daher nicht so stark beansprucht wird. Wenn Sie glauben, dass ein Maultier einen Ringknochen hat und dennoch nicht lahm ist, schneiden Sie ihm einfach die Ferse tief ab und ziehen Sie ihn an einer schlammigen Stelle ein paar Mal gründlich, dann wird er Ihnen bald sowohl Lahmheit als auch Ringknochen zeigen. Schneiden Sie seine Zehen ab und lassen Sie die Absätze hoch, und er wird dadurch nicht lahm werden.

Das Komitee sagt auch, dass ein Herr Elliott von den Patuxent Furnaces sagt, dass dort kaum jemals ein Maultier an einer Krankheit gestorben sei. Das ist eine seltsame Aussage; Denn die ärmsten Gespanne, die ich je gesehen habe, und die am schlechtesten gezüchteten Tiere befanden sich am Patuxent River, im südlichen Teil von Maryland und auf den Märkten in Washington City. Es ist erbärmlich, wie an Markttagen die schäbigen Gespanne der Bauern im Osten und Süden Marylands zu sehen. Nirgendwo sonst gibt es eine Gruppe von Teams, die so gebrochen, von Armut geplagt und niedergeschlagener aussehen. Die Menschen in Maryland haben gute Pferde gezüchtet; Es ist höchste Zeit, sich der Notwendigkeit und sogar des Nutzens bewusst zu werden, eine bessere Art von Maultier zu züchten.

Bezüglich der Zugkraft von Maultieren im Vergleich zu Pferden gibt es unterschiedliche Meinungen; und doch ist es eine Sache, die leicht geklärt werden sollte. Ich habe Maultiere bis zum Äußersten ihrer Stärke getestet, und es war sehr selten, ein Paar zu finden, das in einem einzigen Jahr 3000 Pfund Gewicht ziehen konnte, ohne völlig aufgebraucht zu sein. Nun ist bekannt, dass es in den nördlichen und westlichen Staaten überall beliebig viele Pferdepaare gibt, die fünfunddreißig bis vierzig Zentner Gewicht ziehen können. Und sie werden es Tag für Tag tun und ihren Zustand behalten.

Es gab eine große Schwierigkeit, mit der das Landwirtschaftskomitee von South Carolina zu kämpfen hatte, und zwar diese. Zu der Zeit, als es um das Thema „Maultier" ging, wurde er in den Vereinigten Staaten noch nicht allgemein verwendet. Ich kann daher leicht verstehen, dass der Ausschuss sein Wissen von den wenigen Personen erhielt, die darüber verfügten, und den unter den gegebenen Umständen bestmöglichen Bericht verfasste. Tatsächlich bin ich fest davon überzeugt, dass der Bericht mit der Absicht verfasst wurde, korrekte Informationen zu liefern, aber er ist völlig gescheitert. Bei Empfehlungen dieser Art sollte große Sorgfalt darauf verwendet werden, den Unerfahrenen nicht in die Irre zu führen und nur solche Fakten anzugeben, die sich aus gründlichem Wissen ergeben. und niemand sollte als Autorität in der Pflege und Behandlung von Tieren akzeptiert werden, es sei denn, er hat lange Erfahrung mit ihnen und hat sie zum Gegenstand des Studiums gemacht.

Noch ein paar Worte zum Brechen des Maultiers. Kämpfe nicht und misshandele ihn nicht. Nachdem Sie ihn angeschirrt haben und er sich als widerspenstig erweist, behalten Sie Ihre Beherrschung, lassen Sie die Zügel locker, stoßen Sie ihn herum, hin und her, nicht grob; Und wenn er nicht geht und tut, was Sie wollen, binden Sie ihn an einen Pfosten und lassen Sie ihn dort etwa einen Tag lang ohne Nahrung und Wasser stehen. Achten Sie auch darauf, dass er sich nicht hinlegt, und achten Sie darauf, dass eine Person ihn bewacht, damit er nicht in das Geschirr gerät. Wenn er nach ein oder zwei Tagen dieser Art von Behandlung nicht geht, geben Sie ihm noch ein oder zwei davon, und ich versichere Ihnen, dass er von diesem Zeitpunkt an zur Besinnung kommt und alles tun wird, was Sie wollen. Manche behaupten, das Maultier sei ein sehr listiges Tier; andere behaupten, er sei langweilig und dumm und könne nicht verstehen, was man will. Ich gebe zu, dass er ein kniffliges Tier ist; aber spielen Sie versuchshalber einfach ein oder zwei Streiche mit ihm, und er wird Ihnen durch sein Handeln zeigen, dass er sie gut versteht. Tatsächlich weiß er viel mehr, als ihm allgemein zugetraut wird, und nur wenige Tiere sind in der Lage, die richtige Behandlung besser zu schätzen. Wie bei vielen anderen Tierarten gibt es auch bei ihnen kaum zwei, die genau das gleiche Temperament und die gleiche Veranlagung haben, wenn wir von dem einzigen Laster des Tretens absehen, das sie alle tun, besonders wenn sie gut genährt und ausgeruht sind. Und selbst dieses Laster können wir angesichts der Tatsache entschuldigen, dass das Maultier kein natürliches Tier, sondern nur eine Erfindung des Menschen ist. Manche Leute neigen zu der Annahme, dass ein Maultier, wenn es sich um einen Kicker handelt, nicht richtig gebrochen wurde. Ich bezweifle, dass man ein Maultier so brechen kann, dass es einen Fremden nicht beim Anblick tritt, besonders wenn es unter sechs Jahre alt ist. Die einzige Möglichkeit, ein Maultier davon abzuhalten, Sie zu treten, besteht darin, es in jungen Jahren viel zu behandeln und es an die Verhaltensweisen und Verhaltensweisen von Menschen zu gewöhnen. Sie müssen es durch Freundlichkeit davon überzeugen, dass Sie es nicht verletzen oder missbrauchen werden; Und das erreichen Sie am besten, indem Sie ihn jedes Mal, wenn er Angst zu haben scheint, sanft anfassen. Eine solche Behandlung fand ich immer wirksamer als all die Schläge und Misshandlungen, die man anwenden kann.

Es gibt noch einen weiteren Fehler, mit dem das Maultier zu kämpfen hat. Fuhrleute und andere glauben allgemein, dass es weniger Vertrauen in den Menschen hat als das Pferd, und um dies zu verbessern, wenden sie fast immer die Peitsche an. Der Grund für diesen Mangel an Vertrauen liegt leicht darin, dass Maultierfohlen nie mit dem gleichen Maß an Freundlichkeit und Sorgfalt behandelt werden wie Pferdefohlen. Sie sind von Natur aus sturer als das Pferd, und die meisten Personen, die es zum ersten Mal versuchen, ihnen ein Halfter oder Geschirr anzulegen, sind in ihrer Veranlagung sogar noch sturer als das Maultier. Sie beginnen, das Tier zu zähmen, indem sie es auf die unbarmherzigste Weise schlagen, und das erregt sofort die Sturheit des Maultiers so sehr, dass viele von ihnen in diesem Zustand keinen Zentimeter nachgeben würden, wenn man sie in Stücke schneiden würde. Und lassen Sie mich hier sagen, dass nichts beim Zähmen dieses Tieres so sehr vermieden werden sollte wie die Peitsche. Dem jungen, ungezähmten Maultier kann man nicht beibringen, warum man es auspeitscht.

Es ist eine Gewohnheit der Maultiertreiber in der Armee, von denen viele Männer sind, die kein Gefühl für stumme Tiere haben, Maultiere zu peitschen, nur um ihre Peitschen knallen zu hören und andere hören zu lassen, mit welcher Geschicklichkeit sie es tun können. Das hat eine sehr schlechte Wirkung auf die Tiere, und es müssen Maßnahmen ergriffen werden, um dem ein Ende zu setzen. Fuhrleute und Stallburschen in der Armee scheinen es als Tugend zu betrachten, grausam zu Tieren zu sein. Sie entwickeln schnell bösartige Gewohnheiten, und ein schlechtes Temperament scheint mit ihrem Beruf zu wachsen. Daraus folgt natürlich, dass sie beim Umgang mit ihren Tieren genau das tun, was sie nicht tun sollten. Die Regierung hat darunter sehr stark gelitten, und ich behaupte, dass es während eines Krieges genauso notwendig ist, erfahrene und gut ausgebildete Fuhrleute zu haben, wie abgehärtete und gut ausgebildete Soldaten.

Das Maultier ist in seinen Abneigungen eigenartig. Viele von ihnen mögen beim ersten Anschnallen ein blindes Zaumzeug so sehr, dass sie damit nicht arbeiten wollen. Wenn Sie dies finden, lassen Sie ihn etwa einen Tag lang in den Scheuklappen stehen und nehmen Sie sie dann ab, und in neunundvierzig von fünfzig Fällen wird er sofort gehen.

Man sagt, dass das Maultier niemals Angst macht oder wegläuft. Das ist nicht wahr. Es neigt nicht so sehr dazu, Angst zu bekommen und wegzulaufen wie das Pferd. Aber jeder, der lange Erfahrung mit ihnen in der Armee hat, weiß, dass sie beide Angst bekommen und weglaufen werden. Allerdings verlieren sie nicht alle Sinne, wenn sie Angst bekommen und weglaufen, wie es beim Pferd der Fall ist. Bringen Sie ein Maultier zurück, nachdem es weggelaufen ist, und in den meisten Fällen wird es keine Lust mehr haben, es noch einmal zu tun. Ein Pferd, das einmal weggelaufen ist, ist danach jedoch nie mehr sicher. Tatsächlich habe ich bei all den Zehntausenden von Maultieren, die ich gehandhabt habe, noch nie einen gewöhnlichen Ausreißer gefunden. Ihre träge Natur neigt sie nicht zu solchen Tricks. Wenn ein Team versucht wegzulaufen, fallen ein oder zwei von ihnen zu Boden, bevor sie weit gekommen sind, und dies stoppt den Rest. Versuchen Sie, ein Pferd auf einer unebenen Straße auf die gleiche Geschwindigkeit zu bringen wie ein Pferd, und Sie werden Wunder vollbracht haben, wenn es nicht stürzt und Ihnen die Knochen bricht.

Das Maultier, besonders wenn es groß ist, kann harte Straßen und Gehwege nicht ertragen. Seine Gliedmaßen sind zu klein für seinen Körper und geben im Allgemeinen nach. Sie werden feststellen, dass alle guten Richter von Straßen- und Trabpferden gerne einen guten, starken Knochen im Bein sehen. Das ist tatsächlich notwendig. Das Maultier, werden Sie feststellen, hat sehr mangelhafte Beine und im Allgemeinen eine schwache Muskulatur. Und viele von ihnen haben das, was man als „Cat-Hammed" bezeichnet.

Arbeitskondition von Maultieren . – Die meisten Leute rufen beim Anblick eines guten, fetten, glatten Maultiers aus: „Was für ein schönes Maultier!" Sie gehen davon aus, dass das Tier, weil es fett, groß und schwer ist, ein gutes Arbeitstier sein muss. Dies ist jedoch kein Kriterium, nach dem man urteilen kann. Ein Maultier, das in guter Arbeitskondition ist, sollte nie dicker sein als das, was man als gute Arbeitskondition bezeichnet. Ein Maultier mit 14,5 Handbreit sollte, um in guter Arbeitskondition zu sein, nicht mehr als 950 Pfund wiegen. Ein Maultier mit 15 Handbreit sollte nicht mehr als 1000 Pfund wiegen. Wenn das passiert, werden seine Beine in kürzester Zeit nachgeben und es muss ins Krankenhaus. Wenn man ein Maultier mit zu viel Fleisch arbeiten lässt, führt das zu Krämpfen, Spat, Ringbein oder krummen Sprunggelenken. Die Muskeln und Sehnen ihrer kleinen Beine sind nicht in der Lage, ein schweres Körpergewicht über längere Zeit zu tragen. Wie ich bereits sagte, zeigt er seine Makel vielleicht nicht durch Lahmheit, aber das liegt nur daran, dass ihm das feine, für Pferde typische Gefühl fehlt.

So merkwürdig es auch erscheinen mag, ich habe Maultiere gekannt, die eine Spatbildung, Zügel und Ringbeinbehandlung hatten und trotzdem jahrelang gearbeitet haben, ohne Lahmheit zu zeigen.

Vermeiden Sie gefleckte oder gefleckte Pantoletten; Sie sind das ärmste Tier, das man bekommen kann. Sie können harte Arbeit nicht ertragen, und sobald sie krank werden und beginnen, an Kraft zu verlieren, gibt es für sie keine Rettung mehr. Die Mexikaner nennen sie Pintos oder bemalte Maultiere. Wir nennen sie Kalikoaraber oder Chickasaws. Sie haben im Allgemeinen schlechte Augen, die in der Hitze und im Staub des Sommers sehr wund werden und viele von ihnen erblinden. Viele der schneeweißen Pantoletten sind von derselben Art und ungefähr genauso nutzlos. Auch Maultiere mit weißer Schnauze, oder, wie manche es nennen, weiß-nor-weiß, und mit weißen Ringen um die Augen sind als Arbeitspantoletten von geringem Nutzen. Sie können keinerlei Härte ertragen. Zumindest die Regierung sollte sie niemals kaufen. Beim Kauf von Pantoletten müssen Sie auf Alter, Form, Größe, Augen, Knochen- und Muskelgröße sowie Veranlagung achten. denn diese sind wichtiger als seine Farbe. Machen Sie es richtig und Sie werden ein gutes Tier haben.

Wenn ein Herr ein Maultier zum Satteln kaufen möchte, sollte er eines nehmen, das eher der Stute als dem Esel nachempfunden ist. Sie sind gelehriger, leichter zu handhaben und lenkbarer und tun das, was Sie wollen, mit weniger Mühe als die anderen. Wenn möglich, kaufen Sie auch Maultierstuten; sie sind viel sicherer und zuverlässiger unter dem Sattel und weniger störrisch. Sie sind auch besser als Maultierpferde zum Gespannfahren geeignet. Kurz gesagt, wenn ich mir Maultiere kaufen würde, würde ich für Maultierstuten mindestens fünfzehn Dollar mehr ausgeben als für Pferde. Sie sind den Maultierpferden in jeder Hinsicht überlegen. Ein Grund dafür ist, dass sie alle ihre natürlichen Fähigkeiten besitzen, während Sie dem Pferd seine durch Kastration nehmen.

Das unangenehmste und unkontrollierbarste und, wie ich gerade sagen wollte, nutzloseste Tier der Welt ist ein Maultier. Es nützt niemandem etwas, und doch macht es mehr Ärger als jedes andere Tier. Es wird kaum jemals fett und ist immer gereizt; und es ist nahezu unmöglich, es davon abzuhalten, sich loszureißen und Stuten zu schnappen. Außerdem ist es äußerst gefährlich, sie unter Pferden zu haben. Sie stürzen sich häufig wie ein Tiger auf das Pferd und beißen, zerreißen und treten es in Stücke. Ich habe schon erlebt, dass sie die Augen schlossen, wütend wurden und über Mensch und Tier hinwegstürmten, um an eine Stute zu kommen. Es ist auch merkwürdig, dass eine weiße Stute für sie die größte Anziehungskraft zu haben scheint. Ich habe schon erlebt, dass ein Maultier eine weiße Stute mochte, und es schien unmöglich, es von ihr fernzuhalten. Maultiere aller Art scheinen jedoch eine besondere Vorliebe für weiße Stuten und Pferde zu haben, und wenn diese Bindung einmal entstanden ist, ist es fast unmöglich, sie zu trennen. Wenn Sie eine Herde von fünfhundert Maultieren über eine gewisse Distanz treiben wollen, lassen Sie eine weiße oder graue Stute für zwei oder drei Tage in die Herde hinein, und die Maultiere werden sich so sehr an sie gewöhnen, dass Sie sie hinauslassen können und sie ihr überallhin folgen werden. Lassen Sie einfach einen Mann die Stute führen, und mit zwei Männern auf dem Pferd können Sie die ganze Herde fast so gut lenken, als wären sie in einem Gespann. Eine andere Möglichkeit, Maultiere zu führen, besteht darin, der Stute eine Glocke um den Hals zu hängen. Die Maultiere werden wie viele Schulkinder auf diese Glocke hören und ihrem Klingeln mit demselben Instinkt folgen.

Eine weitere merkwürdige Sache an dem Maultier ist Folgendes: Wenn Sie es heute zum ersten Mal anspannen, wird es möglicherweise mürrisch und weigert sich, einen Schritt für Sie zu tun. Das kann sehr provozierend sein und vielleicht Ihr Temperament anregen; aber lass es nicht zu, denn wenn du ihn heute aus dem Geschirr nimmst und ihn morgen wieder anlegst, wird er gleich losgehen und alles tun, was du von ihm willst. Es ist am besten, ein junges Maultier immer gut an das Geschirr zu gewöhnen, bevor Sie versuchen, es im Team zu trainieren. Wenn Sie ihn so besorgen, dass er keine Angst vor dem Geschirr hat, können Sie davon ausgehen, dass Ihr Maultier zu zwei Dritteln kaputt ist.

Ich habe schon einmal gehört, dass man behauptet, ein Maultiergespann sei leichter zu handhaben als ein Pferdegespann. Das ist unmöglich, denn man kann ein Maultier nie so zaumzeugmäßig ausbilden wie ein Pferd. Um das noch weiter zu beweisen, lassen Sie einen beliebigen Lenker so viele Maultiere zusammenstellen, wie Pferde im „Bandwagen" einer Show oder eines Zirkus sind, und sehen Sie, was er mit ihnen anstellen kann. Es gibt keinen lebenden Lenker, der sie so sicher zügeln kann wie ein Pferd, und zwar aus dem Grund, dass das Maultier, wenn es merkt, dass es Ihnen überlegen ist, diesen Vorteil behalten wird, egal, was Sie tun.

Maultierzucht.--Ich konnte nie verstehen, warum fast jeder, der Vieh züchtet, große, hässliche Stutengruppen für die Maultierzucht empfiehlt. Das Prinzip ist sicherlich falsch, wie ein kleines Studium der Natur zeigen muss. Um ein gutes, wohlproportioniertes Maultier hervorzubringen, müssen Sie eine gute, kompakte und brauchbare Stute haben. Es ist genauso notwendig wie bei der Kreuzung jedes anderen Tieres. Es ist sicherlich profitabler, gute Tiere zu züchten als schlechte; und aus schlechten Stuten kann man keine guten Maultiere züchten, ganz gleich, um welchen Buben es sich handelt. In dem schlaffen, langbeinigen Maultier sieht man immer die böse Stute.

Einige unserer Offiziere haben geglaubt, das Maultier sei das bessere Tier für den Staatsdienst, weil es weniger Pflege und Futter als das Pferd brauche und länger ohne Wasser auskomme. Auch das ist ein schwerer Irrtum. Das Maultier braucht bei richtiger Pflege fast so viel Futter wie das Pferd und sollte genauso gepflegt und versorgt werden. Ich beziehe mich jetzt auf die Kutschentiere. Solche Aussagen richten großen Schaden an, da sie die Männer, die für die Tiere verantwortlich sind, ermutigen, sie zu vernachlässigen und zu misshandeln. Der Kutscher, der seinen Vorgesetzten so reden hört, wird dies bald ausnutzen. Tiere aller Art haben in freier Wildbahn und in der Natur eine Art, sich selbst sauber zu halten. In freier Wildbahn würde das das Maultier tun. Aber wenn der Mensch ihnen diese Privilegien entzieht, indem er sie anbindet und domestiziert, muss er ihnen auf die natürlichste Weise helfen, sich selbst sauber zu halten. Und diese Hilfe schätzt das Tier in vollem Umfang.

Wie man mit einem Mule Colt umgeht. --Besitzer und Züchter von Maultieren sollten in jungen Jahren mehr auf ihre Gewohnheiten achten. Und ich würde ihnen diesen Rat geben: Wenn das Hengstfohlen sechs Monate alt ist, legen Sie ihm ein Halfter an und lassen Sie den Riemen locker hängen. Lassen Sie Ihren Gurt etwa einen Meter lang sein, damit er auf dem Boden schleift. Das Tier wird sich bald daran gewöhnen; und wenn er es getan hat, nimm das Ende und führe ihn zu dem Ort, wo du ihn zu füttern gewohnt bist. Dadurch wird er mit Ihnen vertrauter und stärkt sein Selbstvertrauen. Fassen Sie seine Ohren ab und zu an, aber drücken Sie sie nicht zusammen, denn das Ohr ist der empfindlichste Teil dieses Tieres. Sobald er Ihnen erlaubt, mit seinen Ohren vertraut umzugehen, legen Sie ihm ein lockeres Zaumzeug an. Setzen Sie es regelmäßig auf und wieder ab. Auf diese Weise sichern Sie sich das Vertrauen des Hengstes, und er behält es, bis Sie ihn für die Arbeit brauchen.

Apropos empfindliche Ohren eines Maultiers: Ein Kratzer oder die geringste Verletzung daran wird ihre Sturheit erregen und ihnen Angst vor Ihnen machen. Ich habe schon erlebt, wie einem Maultier durch grobe Behandlung das Ohr zerkratzt wurde, und danach war es monatelang äußerst schwierig, ihm das Zaumzeug wieder anzulegen. Nichts ist wichtiger, als einem jungen Maultier das richtige Zaumzeug anzulegen. Aus Erfahrung weiß ich, dass dies die beste Methode ist: Stellen Sie sich natürlich auf die nahe Seite; nehmen Sie das obere Ende des Zaumzeugs in Ihre rechte Hand und das Gebiss in Ihre linke; führen Sie Ihren Arm sanft über sein Auge, bis dieser Teil des Arms sein Ohr nach unten biegt, schieben Sie ihm dann das Gebiss ins Maul und lassen Sie gleichzeitig Ihre Hand langsam mit den Lagern an seinem Kopf und Hals arbeiten, bis Sie den Kopfriemen eingestellt haben.

Es wäre eine Ersparnis von Tausenden von Dollar für die Regierung, wenn sie beim Kauf von Maultieren dafür sorgen könnte, dass ihnen allen Halfter und Zaumzeug gebrochen würden. Stallwärter, die im Dienst der Regierung stehen, werden sich nicht die Mühe machen, sie richtig zu zäumen und zu zäumen; und ich habe Hunderte von Maultieren in der Stadt Washington gesehen, die völlig ruiniert wurden, indem man sie in jungen Jahren hinter Wagen festband und sie buchstäblich durch die Straßen schleifte. Diese Pantoletten hatten vielleicht noch nie zuvor ein Halfter getragen. Ich habe gesehen, wie sie, während sie auf diese Weise gefesselt waren, zurücksprangen, sich hinwarfen und auf den Boden geschleift wurden, bis sie fast tot waren. Und was noch schlimmer ist: Der Fuhrmann versucht immer, Abhilfe zu schaffen, indem er sie schlägt. In den meisten Fällen musste der Fuhrmann zusehen, wie sie zu Tode gezerrt wurden, bevor er ihnen helfen konnte. Wenn er wüsste, wie man ein Heilmittel richtig anwendet, würde er sich höchstwahrscheinlich nicht die Mühe machen, es anzuwenden. Ich konnte nie herausfinden, wie diese schädliche Angewohnheit, Maultiere hinter Wagen zu binden, entstand; Aber je früher ein Befehl ergeht, um dem ein Ende zu setzen, desto besser, denn es ist nichts weniger als eine kostspielige Folter. Das Maultier möchte mehr als jedes andere Tier sehen, wohin es geht. Er kann dies nicht am Heck eines Armeewagens tun, obwohl es für ihn ein ausgezeichneter Plan ist, sich den Kopf zu verletzen oder ihm das Gehirn auszuschlagen.

Manche halten es für ein gewohnheitsmäßiges Laster, dass sich das Maultier zurückzieht. Ich habe Pferde gesehen, die sich dieses Laster zugezogen haben und so weitergemacht haben, bis sie sich das Leben genommen haben. Aber in all meinen Erfahrungen mit dem Maultier habe ich nie eines gesehen, bei dem es sich um ein festes Laster handelte. Während ich für die Entgegennahme und Ausgabe von Pferden an die Armee verantwortlich war, erlitt ich durch dieses Übel des Rückzugs sehr viele Pferde, die schwer verletzt wurden. Einige dieser Pferde wurden so schwer an der Wirbelsäule verletzt, dass ich sie ins Krankenhaus einweisen musste, damals unter der Obhut von Dr. LH Braley. Einige wurden so schwer verletzt, dass sie in Anfällen starben; andere wurden geheilt. Selbst wenn das Maultier

Halsschmerzen bekommt, wird es es wie der Ochse ertragen, und anstatt sich zurückzuziehen, wie das Pferd es tun wird, wird es direkt herbeikommen, um es zu lindern. Sie tun dies nicht, wie manche annehmen, wegen ihrer Wunde, sondern weil sie nicht so empfindlich sind wie das Pferd.

Maultiere packen – Als ich mir ein Exemplar von „Mason's Farrier" oder „Stut Book" von Mr. Skinner ansah, fand ich heraus, dass es heißt, dass ein Maultier sechs- oder achthundert Pfund packen kann. Mr. Skinner hat offensichtlich nie Maultiere eingepackt, sonst hätte er eine so falsche Aussage gemacht. Ich war in allen unseren nördlichen und westlichen Territorien, in Old und New Mexico, wo fast alle Geschäfte von Lasttieren, Maultieren und Eseln abgewickelt werden; und ich war auch unter den Indianerstämmen an der Grenze zu den mexikanischen Staaten, wo sie weitgehend die spanische Packmethode übernommen haben, und doch habe ich nie einen Fall gesehen, in dem ein Maultier sechs- oder achthundert Pfund beladen hätte können. Tatsächlich würden die Menschen in diesen Ländern eine solche Behauptung lächerlich machen. Und hier beabsichtige ich, das Ergebnis meiner eigenen Erfahrungen im Packen zusammen mit denen einiger anderer, die das Geschäft schon lange verfolgen, darzustellen.

Ich möchte auch etwas dazu sagen, was ich für die beste Packmethode halte, welches Gewicht für jedes Tier geeignet ist und welchen relativen Gewinn oder Verlust diese Transportmethode im Vergleich zum Transport mit dem Wagen mit sich bringen könnte. Erstens sollte man nie auf Packen zurückgreifen, da es dort, wo die Straßen gut sind und Wagen und Tiere vorhanden sind, nicht rentabel ist. In den Bergen, in Wüsten und auf Sandebenen, wo Futter knapp ist und Wasser nur in großen Abständen zu bekommen ist, ist das Packen eine Notwendigkeit und kann rentabel eingesetzt werden. Es sei auch klargestellt, dass sich zum Packen das spanische Packmaultier ebenso wie der Sattel am besten eignet. Zweitens: Die spanische Packmethode ist vor allen anderen die älteste, beste und wirtschaftlichste. Mit ihr kann das Tier eine schwerere Last tragen, ohne sich dabei zu verletzen. Drittens: Das zu packende Gewicht sollte unter noch so günstigen Umständen nie über 450 Pfund liegen. Viertens: Der amerikanische Packsattel ist ein wertloses Ding und sollte nie verwendet werden, wenn größere Gewichte transportiert werden müssen.

Falls ich vorher irgendwelche Zweifel hinsichtlich dieses amerikanischen Packsattels gehabt hatte, wurden diese durch das, was mir vor drei Jahren auffiel, ausgeräumt. Während ich im Quartiermeisterdepot in Washington, D.C., als Leiter der General Hospital Stables beschäftigt war, erhielten wir einmal dreihundert Maultiere, an denen in der Potomac-Armee das Packexperiment mit diesem Sattel erprobt worden war. Es hieß, dies sei eines von General Butterfields Experimenten gewesen. Diese Tiere zeigten keinerlei Anzeichen dafür, dass sie mehr als einmal bepackt worden waren;

aber der Zustand ihrer Rücken war so schrecklich, dass alle Tiere sofort in ärztliche Behandlung gegeben werden mussten. Offiziere der Armee, die Dr. Braley kannten, wissen, wie ausnahmslos erfolgreich er bei der Behandlung von Regierungstieren war und wie sorgfältig er sie behandelt. Doch trotz all seiner Geschicklichkeit und trotz bester Unterbringung starben fünfzehn dieser Tiere an den Folgen ihrer Wunden und Verletzungen der Wirbelsäule. Die übrigen Tiere brauchten sehr lange, um sich zu erholen, und als sie es geschafft hatten, waren ihre Rücken in vielen Fällen so vernarbt, dass sie für einen ähnlichen Zweck unbrauchbar wurden. Dies war auf die Verwendung des amerikanischen Packsattels und das mangelnde Wissen der Verantwortlichen zurückzuführen, welche Maultiere sich zum Packen eigneten. Der erfahrene Packer hätte auf den ersten Blick erkannt, dass ein großer Teil dieser Maultiere für den Einsatz völlig ungeeignet war. Das Experiment war ein kläglicher Fehlschlag, kostete die Regierung aber mehrere Tausend Dollar.

Ich sollte jedoch erwähnen, dass es sich bei der Klasse der Maultiere, an denen dieses Experiment durchgeführt wurde, um lockere, langbeinige Tiere handelte, die ich zuvor als nahezu ungeeignet für irgendeinen Zweig des Regierungsdienstes beschrieben habe. Aber lassen Sie die Regierung auf jeden Fall den amerikanischen Sattel aufgeben, bis weitere Verbesserungen vorgenommen werden.

Nun zum Gewicht, das ein Maultier transportieren kann. Ich habe gesehen, wie die Delaware-Indianer mit ihrer gesamten Ausrüstung auf Maultieren auf Büffeljagd gingen. Ich habe die Potawatamies, die Kickapoos, die Pawnees, die Cheyennes, Pi-Ute, Sioux, Arapahoes und tatsächlich fast jeden Stamm, der Maultiere benutzt, gesehen, wie sie sie bis zum Äußersten ihrer Kraft gepackt haben, und habe noch nie das Maultier gesehen, das das konnte Packen Sie ein, was Mr. Skinner behauptet. Darüber hinaus behaupte ich hier, dass man kein Maultier finden kann, das auch nur 400 Pfund wiegt und seinen Zustand sechzig Tage lang behält. Achthundert Pfund, Mr. Skinner, sind ein anstrengendes Gewicht für ein Pferd, um es über eine Distanz zu ziehen. Was müssen wir dann auf dem Rücken eines Maultiers davon halten? Die Offiziere unserer Quartiermeisterabteilung, die draußen in der Ebene waren, verstehen diese Angelegenheit vollkommen. Jeder dieser Herren wird Ihnen sagen, dass es keinen Tross von fünfzig Maultieren gibt, der durchschnittlich vierzig Tage lang dreihundert Pfund pro Tier transportieren kann.

Ich werde Ihnen nun die Erfahrungen einiger der besten Maultierpacker des Landes schildern, um zu zeigen, dass das, was über die Stärke der Maultiere geschrieben wurde, den Leser in die Irre führen soll. Im Jahr 1856 packte William Anderson, ein Mann, den ich gut kenne, von der Stadt Del Norte nach Chihuahua und Durango in Mexiko, eine Entfernung von ungefähr 800

Kilometern. Anderson und ein Mann namens Frank Roberts waren für den Packzug verantwortlich. Sie hatten 75 Maultiere und packten Kisten mit Trockenwaren, Ballen und sogar Fässer. Sie hatten zwei mexikanische Fahrer und legten höchstens 24 Kilometer pro Tag zurück, obwohl sie sich sehr gut um ihre Tiere kümmerten. Das Höchste, was ein Maultier in diesem Zug tragen konnte, waren 275 Pfund. Außerdem hatten sie nicht mehr als 25 Maultiere von der Gesamtzahl, die 250 Pfund tragen konnten, da das Durchschnittsgewicht des gesamten Zuges etwas weniger als 200 Pfund betrug. Um diese 24 Kilometer am Tag zurückzulegen, mussten sie zwei Treibjagden unternehmen und die Tiere jeweils nach elf oder zwölf Kilometern zum Fressen anhalten lassen.

Im Jahr 1858 packte derselbe Anderson für die Expedition, die den Schlangenindianern nachjagte. Sein Gefolge bestand aus etwa zweihundertfünfzig oder dreihundert Maultieren. Sie packten von Cordelaine Mission nach Walla Walla in Oregon. Die Tiere waren von sehr hoher Qualität und wurden für den Transport aus einer sehr großen Menge ausgewählt. Einige der allerbesten dieser Maultiere wurden mit 300 Pfund beladen, gaben aber nach zwei Wochen völlig auf.

Im Jahr 1859 packte derselbe Anderson für einen Herrn namens David Reese, der in The Dalles in Portland, Oregon, lebte. Sein Gefolge bestand aus fünfzig Maultieren in gutem durchschnittlichen Zustand, viele von ihnen wogen neunhundertfünfzig Pfund und waren zwischen 13 und 14 Handbreit groß. Sein durchschnittliches Packgewicht betrug zweihundertfünfzig Pfund. Die Entfernung betrug dreihundert Meilen, und Hin- und Rückfahrt dauerten vierzig Tage. Die Arbeit war so hart, dass fast zwei Drittel der Tiere verarmten und ihre Rücken so wund wurden, dass sie nicht mehr arbeiten konnten. Diese Reise führte von The Dalles in Oregon nach Salmon Falls am Columbia River. Anderson behauptet aus eigener Erfahrung, dass, wenn man fünfzig Maultiere über eine Entfernung von dreihundert Meilen mit zweihundertfünfzig Pfund bepackt, die Tiere am Ende der Reise so geschwächt sind, dass man mindestens vier Wochen braucht, um sie wieder in Form zu bringen. Dies entspricht auch meiner eigenen Erfahrung.

Im Jahr 1857 brach ein Zug von vierzig Maultieren von Fort Laramie im Nebraska-Territorium aus auf, um mit Salz nach Fort Bridger zu fahren. Es war im Winter; Jedes Maultier war, soweit wir es schätzen konnten, mit 180 Pfund beladen, und der Zug wurde einem Mann namens Donovan unterstellt. Das Wetter und die Straßen waren schlecht und der Rucksack erwies sich als völlig zu schwer. Donovan tat alles, was er konnte, um seinen Zug durchzubringen, musste jedoch mehr als zwei Drittel davon unterwegs zurücklassen. Zu dieser Jahreszeit, wenn das Gras dürftig und das Wetter schlecht ist, reichen einhundertvierzig oder einhundertfünfzig Pfund für jedes Maultier aus.

1857 gab es auch regelmäßige Packzüge von Red Bluffs am Sacramento River in Kalifornien nach Yreka und Curran River. Von allen Maultieren, die in diesen Zügen eingesetzt wurden, war keines mit mehr als 200 Pfund beladen. Zusammenfassend lässt sich sagen, dass man nie auf Packen zurückgreifen sollte, wenn ein anderes Transportmittel zur Verfügung steht. Es ist zweifellos das teuerste Transportmittel, selbst wenn die erfahrensten Packer eingesetzt werden. Wenn es jedoch für die Regierung notwendig wäre, ein Packsystem einzuführen, wäre es eine große Ersparnis, Mexikaner zu importieren, die an die Arbeit gewöhnt sind, und Amerikaner, die die Züge leiten. Das Packen ist ein sehr mühsames Geschäft, und nur sehr wenige Amerikaner machen sich Gedanken darüber oder haben die nötige Geduld dafür.

KAPITEL V.
PHYSIKALISCHE KONSTRUKTION DES
Maultiers.

Ich schlage jetzt vor, etwas über die Gliedmaßen und Füße des Maultiers zu sagen. Man kann beobachten, dass das Maultier vom Knie abwärts ein Eselsbein hat und in diesem Teil des Beins schwach ist; und mit diesen muss er häufig den Körper eines Pferdes tragen. Es liegt also auf der Hand, dass, wenn man ihn so lange füttert, bis er 200 oder 300 Pfund mehr Fleisch auf sich trägt, wie es bei vielen Menschen der Fall ist, er aus Mangel an Beinkraft zusammenbrechen wird. Tatsächlich ist das Maultier dort am schwächsten, wo das Pferd am stärksten ist. Auch seine Füße sind eine einzigartige Formation, die sich wesentlich von denen des Pferdes unterscheidet. Die Füße des Maultiers wachsen sehr langsam und die Maserung oder Poren des Hufes sind viel dichter und härter als die des Pferdes. Es ist jedoch nicht so anfällig dafür, zu brechen oder zu zerbröckeln. Und doch eignen sie sich nicht so gut für die Arbeit auf asphaltierten oder steinigen Straßen, und je mehr Fleisch man nach einem angemessenen Gewicht auf seinen Körper legt, desto mehr trägt man zu den Mitteln seiner Zerstörung bei.

Betrachten Sie zum Beispiel das Maultier eines Bauern oder das Maultier eines armen Mannes, der in der Stadt arbeitet. Diese Personen füttern ihre Maultiere, mit wenigen Ausnahmen, mit sehr wenig Getreide und sie haben im Allgemeinen einen mageren Fleischanteil. Und dennoch halten sie trotz der harten Behandlung, die sie erfahren, sehr lange durch. Wenn Sie ein Maultier füttern, müssen Sie die Proportionen seines Körpers an die Stärke seiner Gliedmaßen und die Art der Arbeit anpassen, die es leisten soll. Die Erfahrung hat mich gelehrt, dass, je weniger Sie einem Maultier zu fressen geben, als es sonst essen würde, genau diese Menge an Wert und Leben in ihm verloren geht.

In Bezug auf die Fütterung von Tieren. Manche Leute rühmen sich, Pferde und Maultiere zu haben, die nur wenig fressen und deshalb leicht zu halten sind. Wenn ich mir jetzt ein Pferd oder ein Maultier zulegen möchte, sind diese Kleinfresser die letzten, an die ich denken würde. In neun von zehn Fällen werden Sie solche Tiere in einem schlechten Zustand vorfinden. Wenn ich im Besitz der Regierung Tiere finde, die nicht die Menge fressen können, die für ihr Überleben und ihre richtige Stärke erforderlich ist, werfe ich sie ausnahmslos hinaus, damit sie gepflegt werden, bis sie ihre Rationen fressen. Tiere, die in guter Verfassung und für den richtigen Dienst tauglich gehalten werden, sollten ihre zehn bis zwölf Quarts Getreide pro Kopf und Tag fressen, mit entsprechendem Heu – sagen wir zwölf Pfund.

Ich möchte hier noch einmal einen weit verbreiteten Irrtum richtigstellen, nämlich dass das Maultier nicht frisst und viel weniger Nahrung benötigt als das Pferd. Meiner Erfahrung nach frisst ein Maultier, das zwölf Handbreit groß ist und achthundert Pfund wiegt, genauso viel und benötigt tatsächlich genauso viel wie ein Pferd ähnlicher Größe. Geben Sie ihnen ähnliche Arbeit, halten Sie sie in einem Stall oder lassen Sie sie während der Wintermonate im Freien lagern, und das Maultier wird mehr fressen, als das Pferd will oder kann. Ein Maultier frisst jedoch fast alles, anstatt zu verhungern. Stroh, Kiefernbretter, Baumrinde, Getreidesäcke und alte Lederstücke sind für ihn nicht verkehrt, wenn er hungrig ist. Während des letzten Krieges gab es viele Fälle, in denen morgens ein Maultiergespann über den Überresten eines Wagens stand, der am Abend zuvor ein Regierungswagen gewesen war. Wenn zwei oder mehr an einen Wagen gebunden waren, fraßen sie sich gegenseitig den Schwanz bis auf die Knochen ab, und doch zeigte das Tier, das so seines Schwanzanhangs beraubt war, keine großen Schmerzen.

Im Süden werden viele Plantagen mit Maultieren bearbeitet, die von Negern getrieben werden. Das Maultier scheint den Neger zu verstehen und zu schätzen; und der Neger hat eine Art Mitgefühl für das Maultier. Beide sind träge und stur, und dennoch verstehen sie sich gut miteinander. Auch das Maultier eignet sich gut für die Plantagenarbeit und überdauert dabei ein Pferd. Der Boden ist außerdem leicht und sandig und besser für die Füße des Maultiers geeignet. Ein Neger hat kein großes Mitleid mit einem Arbeitstier und wird ihn in kurzer Zeit durch Beschimpfungen ruinieren, während er sein Getreide mit dem Maultier teilen wird. Auch die Bearbeitung des Bodens auf südlichen Plantagen überfordert die Kraft des Maultiers nicht.

Der Wert der richtigen Anschnallung . – Bei der Arbeit mit jedem Tier, und insbesondere mit dem Maultier, ist es sowohl menschlich als auch wirtschaftlich, es richtig anschnüren zu lassen. Wenn dies nicht der Fall ist, kann das Tier die Arbeit, zu der es fähig ist, nicht mit Leichtigkeit und Komfort ausführen. Und man kann nicht genau hinsehen, um zu sehen, dass alles am richtigen Ort funktioniert. Beginnen Sie mit dem Zaumzeug und achten Sie darauf, dass es ihn nicht scheuert oder schneidet. Das Armee-Blindzaumzeug mit angebrachter Gebissveränderung ist das allerbeste Zaumzeug, das sowohl für Pferd als auch für Maultier verwendet werden kann. Achten Sie jedoch darauf, dass das Kronenstück nicht zu fest sitzt. Achten Sie auch darauf, dass dadurch die Seiten des Mauls des Tieres nicht in Falten gezogen werden, da das Gebiss, wenn es gegen diese arbeitet, mit Sicherheit dazu führt, dass das Maul des Tieres wund wird. Das Maul des Maultiers ist sehr schwer zu heilen, und sobald es wund wird, ist es nicht mehr arbeitsfähig. Ihr Zaumzeug sollte gut am Kopf des Maultiers sitzen, bevor Sie versuchen, es darin zu führen. Lassen Sie die Peillinie locker, damit das Maultier lernen kann, mit angelegtem Gurt problemlos zu gehen. Es kommt allzu häufig vor, dass die Augen von Maultieren, die im Dienst der Regierung arbeiten, dadurch verletzt werden, dass die Jalousien zu nahe an den Augen arbeiten. Dies liegt daran, dass die Jalousie zu eng sitzt oder möglicherweise nicht weit genug zwischen Augen und Ohren gespalten ist. Diese Strebe sollte immer hoch genug gespalten sein, damit die Jalousien mindestens 2,5 cm vom Auge entfernt stehen können.

Ein weiterer und noch wichtigerer Teil des Geschirrs ist das Kummet. Mehr Maultiere werden durch schlecht sitzende Kummete verstümmelt oder sogar ganz ruiniert, als Quartiermeister im Allgemeinen glauben. Es erfordert mehr Urteilsvermögen, einem Maultier ein Kummet richtig anzupassen, als irgendein anderes Teil des Geschirrs. Machen Sie Ihr Kummet lang genug, um den Riemen bis zum letzten Loch dicht zu schließen. Untersuchen Sie dann die Unterseite und stellen Sie sicher, dass zwischen Hals oder Luftröhre des Maultiers genug Platz ist, um Ihre flache Hand bequem hineinzulegen. Dadurch bleibt zwischen dem Kummet und dem Hals des Maultiers ein Abstand von fast zwei Zoll. Abgesehen vom faltigen Hals haben Maultierhälse fast alle eine ähnliche Form. Sie unterscheiden sich tatsächlich so wenig im Hals wie in den Füßen; und was ich über das Kummet sage, gilt für sie alle. Der Fuhrmann hat immer die Möglichkeit, ein schlecht sitzendes Kummet selbst zu korrigieren. Wenn das Tier sich nicht gut darin bewegen kann, wenn es ihn irgendwo einklemmt, lassen Sie es über Nacht im Wasser liegen, legen Sie es dem Tier am nächsten Morgen nass an, und in wenigen Minuten wird es die genaue Form des Halses des Tieres annehmen. Achten Sie darauf, dass es oben und unten richtig am Knebel sitzt, dann wird der Abdruck, den das Halsband in natürlicher Form annimmt, die beste mechanische Fertigkeit des besten Geschirrmachers übertreffen.

Es gibt noch eine weitere Sache bei Halsbändern, die meiner Meinung nach sehr wichtig ist. Wenn Sie eine Reise mit Maultiergespannen unternehmen, wo Heu und Getreide knapp sind, werden die Tiere von Natur aus arm und ihre Hälse werden dünn und schmal. Wenn das Halsband einmal zu groß wird und Sie keine Möglichkeit haben, es gegen ein kleineres auszutauschen, müssen Sie natürlich das nächstbeste tun. Nehmen Sie nun zunächst das Halsband vom Tier ab, legen Sie es auf eine ebene Fläche und schneiden Sie etwa einen Zentimeter aus der Mitte heraus. Wenn Sie dies getan haben, versuchen Sie es erneut am Tier. Und wenn es immer noch zu groß bleibt, nehmen Sie von jeder Seite der Mitte etwas mehr, bis Sie es richtig hinbekommen. Auf diese Weise können Sie die Abhilfe schaffen, die Sie benötigen.

Auf einer langen Reise werden die Tiere, wenn sie hart gefahren werden, bald zeigen, wo das Halsband durchgeschnitten werden muss. Sie bekommen im Allgemeinen Schmerzen an der Außenseite der Schulter, und zwar aufgrund des Muskelschwunds. Fuhrmänner in den Ebenen und in den Western

Territories schneiden sich zu Beginn einer Reise den Kragen ab. Danach dauert es weniger Zeit, sie den Teams anzupassen und sie anzuspannen und abzuspannen.

Wenn Sie herausgefunden haben, wo das Halsband die Schulter verletzt hat, schneiden Sie es auf und nehmen Sie so viel Füllung heraus, dass das Leder die Wunde nicht berührt. Dadurch wird das Tier bald wieder gesund. Lassen Sie den Teil des Leders, den Sie abschneiden, locker hängen, damit Sie die Füllung beim Herausnehmen wieder zurücklegen können und verhindern, dass mehr als nötig herauskommt.

Achten Sie darauf, dass Ihr Geschirr gut sitzt, denn es ist von großer Bedeutung für das Ziehen eines Maultiers. Wenn Ihr Geschirr nicht gut an Ihr Kummet passt, werden Sie mit Sicherheit Probleme mit Ihrem Geschirr haben und Ihr Maultier wird schlecht arbeiten. Manche Leute glauben, dass man Geld spart, wenn man ein Maultier arbeiten lässt, weil man es daran gewöhnt, mit fast jedem Geschirr zu arbeiten. Das ist ein großer Irrtum. Sie sparen am meisten, wenn Sie es gut angeschirren und ihm die Arbeit angenehm machen. Tatsächlich kann ein Maultier mit einem schlecht sitzenden Kummet und Geschirr mehr arbeiten, als ein Mann mit einem schlecht sitzenden Stiefel laufen kann. Probieren Sie Ihr Geschirr an und ziehen Sie es oben am Hals des Maultiers fest genug an, damit es nicht rutscht oder herumrollt. Es sollte fest genug sein, um gut zu sitzen, ohne Hals oder Schulter einzuklemmen, und schließlich so gut sitzen wie der Hemdkragen eines Mannes.

Ziehen Sie die Wölbung Ihres Kragens nicht zu tief nach unten. Wenn Sie dies tun, beeinträchtigen Sie die Maschinerie, die die Vorderbeine des Maultiers antreibt. Auch hier gilt: Wenn Sie ihn zu hoch anheben, beeinträchtigen Sie sofort seinen Wind. Für die Wölbung des Kragens gibt es eine genaue Stelle, und zwar an der Spitze der Schulter des Maultiers. Manche Personen verwenden ein Polster aus Schaffell an der Spitze des Kragens. Nimm es ab, denn es nützt nichts, und nimm ein Stück dickes Leder, frei von Falten, zehn bis zwölf Zoll lang und sieben Zoll breit; Schneiden Sie es etwa einen Zentimeter von jedem Ende entfernt quer auf und lassen Sie in der Mitte etwa einen Zentimeter übrig. Wenn Sie dieses anstelle des Schaffellpolsters einsetzen, erhalten Sie eine günstigere, haltbarere und kühlere Halsbedeckung für das Tier. Mit Heiz- und Stepppolstern kann man den Hals eines Maultiers nicht in gutem Zustand halten. Dasselbe gilt auch für gepolsterte Sättel. Ich bin vielleicht so viel geritten wie jeder andere Mann in meinem Alter, und doch konnte ich den Rücken eines Pferdes mit einem gepolsterten Sattel nie in gutem Zustand halten, wenn ich mehr als 25 oder 30 Meilen am Tag ritt.

Es gibt noch ein weiteres Übel, das behoben werden sollte. Ich beziehe mich jetzt auf den Kehlriemen. Hunderte von Maultieren werden dadurch ruiniert, dass sie den Kehlriemen zu fest anziehen. Ein zu fester Kehlriemen verursacht unweigerlich Kopfschmerzen. Außerdem behindert er einen Körperteil, den das Maultier ohne ihn nicht hätte: seine Atemnot. Ich habe oft Maultierköpfe gesehen, die durch den Kehlriemen so verletzt waren, dass sie sich nicht zäumen oder gar anfassen ließen. Und ein Maultier mit wundem Kopf zu zäumen erfordert etwas mehr Geduld, als die Natur dem Menschen im Allgemeinen mitgibt.

Lass die Ohren eines Maultiers in Ruhe. Bei Fuhrmännern und anderen kommt es sehr häufig vor, dass sie Maultiere an den Ohren fangen und ihnen zucken, wenn sie sie anspannen wollen. Sogar Schmiede, die es eigentlich besser wissen müssten, haben die Angewohnheit, sich beim Beschlagen eine Zange in die Ohren zu stecken. Gegen all diese barbarischen und unmenschlichen Praktiken erhebe ich hier im Namen der Menschlichkeit meinen Protest. Durch die durch solche Praktiken verursachten Verletzungen wird das Tier nahezu wertlos. Es gibt extreme Fälle, in denen auf das Zucken zurückgegriffen werden kann, aber es sollte in jedem Fall auf die Nase angewendet werden und nur dann, wenn alle milderen Mittel versagt haben.

Es gibt jedoch eine andere und viel bessere Methode, die Laster widerspenstiger Maultiere zu bändigen und zu überwinden. Ich meine das Lasso. Werfen Sie die Schlinge über den Kopf des widerspenstigen Maultiers und ziehen Sie es dann vorsichtig an einen Wagen, als wollten Sie es zügeln. Falls es extrem schwer zu zügeln oder bösartig ist, werfen Sie ein zusätzliches Lasso oder Seil über seinen Kopf und befestigen Sie es genau so, wie in der Zeichnung dargestellt. Mit dieser Methode können Sie jedes Maultier festhalten. Aber auch diese Methode sollte besser vermieden werden, es sei denn, sie ist unbedingt erforderlich.

Es ist jetzt August 1866. Wir beschäftigen fünfhundertachtundfünfzig Tiere, von sechs Uhr morgens bis sieben Uhr abends, und von dieser Zahl haben wir nicht zehn wunde oder abgenutzte Tiere. Der Grund dafür ist, dass wir keinen einzigen gepolsterten Sattel oder Kragen verwenden. Außerdem soll der Teil des Gurtzeugs, der am stärksten beansprucht wird, so glatt und biegsam wie möglich gehalten werden. Achten Sie auch auf Ihre Zugketten und achten Sie darauf, dass diese eine gleichmäßige Länge haben. Wenn Ihr Halsband klebrig oder schmutzig wird, kratzen Sie es nicht mit einem Messer ab; Waschen Sie es und bewahren Sie die glatte Oberfläche auf. Ihr Hosenbund oder Radgeschirr ist ebenfalls ein sehr wichtiger Teil; Achten Sie darauf, dass es das Tier nicht schneidet und scheuert, so dass die Haare abgetragen werden oder die Haut verletzt wird. Wenn Sie diese zu eng anziehen, ist es für das Tier unmöglich, sich auszustrecken und frei zu laufen.

Die Gurte behindern jedoch nicht nur den Gang des Tieres, sondern halten das Halsband und den Hals so fest an seiner Schulter, dass es Schmerzen im Nacken verursacht. Diese Riemen sollten immer locker genug sein, um dem Maultier bei seinem besten Gang optimale Bewegungsfreiheit zu geben.

Und nun möchte ich noch ein paar Worte zu Regierungswagen sagen. Regierungswagen, wie sie heute hergestellt werden, können auch für andere Zwecke als die Armee verwendet werden. Der große Regierungswagen ist, wie sich gezeigt hat, zu schwer für vier Pferde. Der kleinere ist näher dran; aber wenn man eine normale Ladung darauf nimmt (den kleineren) und durch unwegsames Gelände fahren muss, gibt er nach. Er ist zu schwer für zwei Pferde und eine leichte Ladung, und doch nicht schwer genug, um 2.500 oder 3.000 Pfund, eine Ladung für vier Pferde, zu tragen, wenn die Straßen einigermaßen schlecht sind. In der Nähe von Städten, etablierten Posten und eigentlich überall, wo die Straßen gut sind, machen sie sich einigermaßen gut, und sie sind keiner großen Belastung ausgesetzt. Es wurden Verbesserungen am Regierungswagen versucht, aber das Ergebnis war ein Fehlschlag. Je einfacher man solche Wagen bekommen kann, desto besser, und deshalb gilt das Original immer noch als das Beste. Es gibt jedoch große Unterschiede beim verwendeten Material, und einige Hersteller bauen bessere Wagen als andere. Der Sechs- und Acht-Maultier-Wagen, die größte Größe für den Straßen- und Feldeinsatz, ist meiner bescheidenen Meinung nach am besten für die Zwecke unserer amerikanischen Armee geeignet.

Während der Rebellion wurden sehr viele Wagen verwendet, die nicht dem Armeemodell entsprachen. Einer davon hieß, soweit ich mich erinnere, Wheeling Wagon und wurde in großem Umfang für leichte Arbeiten verwendet und bewährte sich. Aus diesem Grund empfahlen ihn viele Leute. Ich konnte das nicht, und zwar aus folgendem Grund: Sie sind zu kompliziert und viel zu leicht, um die normale Last eines Sechs-Maultier-Gespanns zu tragen. Am Ende des Krieges zeigte sich, dass der Armeewagen mehr beansprucht und weniger repariert worden war und sich in einem besseren Zustand befand als alle anderen Wagen. Ich beziehe mich jetzt auf die Wagen, die in Philadelphia von Wilson & Childs oder Wilson, Childs & Co. hergestellt wurden. Sie sind in der Armee als Wilson Wagon bekannt. Der beste Ort, um die Haltbarkeit eines Wagens zu testen, ist die Ebene. Lassen Sie ihn dort einen Sommer lang fahren, wenn es kaum nasses Wetter gibt, wo es alle möglichen Straßen zum Fahren und Lasten zum Transportieren gibt, und wenn er das aushält, hält er alles aus. Die Wagenbremse anstelle der Schlosskette ist eine große und sehr wertvolle Verbesserung, die während des Krieges gemacht wurde. Eine Bremse am Wagen erspart Zeit und Mühe, auf jedem Hügel anzuhalten, um die Räder zu blockieren, und wieder unten, um sie zu lösen. Offiziere der Armee wissen, wie viel Ärger das früher verursacht hat, wie es die Straßen blockierte und die Bewegungen der Truppen verzögerte, die ungeduldig vorankamen. Die Schlosskette schleifte den Wagenreifen an einer Stelle ab. Die Bremse erspart das; und sie bewahrt auch den Hals des Tieres vor den Quetschungen und Scheuerstellen, die durch die tote Anstrengung entstehen, die beim Ziehen des blockierten Rades erforderlich ist.

Es gibt noch eine weitere Schwierigkeit, die durch die Waggonbremse überwunden wurde. Wenn Sie auf einem Hügel anhalten, um die Räder zu blockieren, gerät Ihr Zug in Unordnung. In den meisten Fällen besteht bei Zügen auf der Straße ein Abstand von drei bis vier Metern zwischen den Waggons. Jedes Gespann wird diesen Abstand dann natürlich schließen, wenn es an die Stelle kommt, an der es anhalten und blockieren muss. Ungefähr zu dem Zeitpunkt, an dem der erste Fuhrwerksführer sein Rad blockiert, steigt der hinter ihm liegende aus demselben Grund ab. Wenn sich dies entlang des Zuges wiederholt, ist es nicht schwer zu erkennen, wie der Abstand zunehmen muss und Unregelmäßigkeiten entstehen. Je mehr Waggons Sie mit der Bremskette blockieren müssen, desto weiter werden die Gespanne voneinander entfernt. Wenn Sie eine große Gruppe von Waggons haben, die zusammen fahren, folgt daraus natürlich, dass bei einem solchen Halt die hinteren Gespanne für jeden Halt, den das vordere Gespann macht, fünfundzwanzig Mal anhalten oder anhalten und wieder anfahren müssen.

Wenn der Fuhrmann, der das zweite Team fährt, zum Abschließen bereit ist, startet das erste oder Hauptteam. Dies regt das Maultier des zweiten dazu an, dasselbe zu tun, und so weiter im ganzen Zug. Das ärgert den Fuhrmann, und er ist gezwungen, herbeizulaufen und die Radmaultiere am Kopf zu packen, damit sie anhalten, damit er seine Räder blockieren kann. In neun von zehn Fällen verschwendet er Zeit damit, seine Tiere für das zu bestrafen, was sie nicht verstehen. Er denkt nicht einen Augenblick daran, dass das Maultier die Gewohnheit hat, aufzuspringen, wenn sich der Wagen vor ihm bewegt, und glaubt, dass es seine Pflicht tut. In vielen Fällen hatte er, als er die Räder blockiert hatte, seine Maultiere so sehr in Aufregung versetzt, dass sie den Hügel hinunterrannten, einige der Männer verkrüppelten, den Wagen kaputt machten, einen „Zusammenbruch" im Zug verursachten und ihn vielleicht zerstörten genau die Verpflegung und Kleidung, von denen das Leben eines armen Soldaten abhing. Wir alle wissen, welche Verzögerungen und welche Katastrophen diese Blockierung der Straßen zur Folge hatte. Abhilfe schafft hier die Bremse, dank des Erfinders. Außerdem werden Hals und Schultern jedes Tieres im Zug geschont; es schont die Füße der Wheeler; es schont das Geschirr; Dadurch wird verhindert, dass die Führ- und Swing-Maultiere so schnell angehalten werden, dass sie sich schneiden. und es schont die Räder um mindestens zwanzig Prozent. Diejenigen, die erlebt haben, dass Wagen über Abgründe geworfen wurden oder die sich zwei bis drei Stunden am Stück in Schlamm und Wasser abmühten und kämpften, können leicht verstehen, wie Zeit und Ärger hätten gespart werden können, wenn der Wagen nach dem Neustart auf irgendeine Weise hätte verschlossen werden können diese Plätze. Die beste Bremse ist aller Wahrscheinlichkeit nach diejenige, die mit einer Hebelkette an der Bremsstange befestigt wird. Ich mag solche nicht, die mit einem Seil befestigt werden, und zwar aus dem Grund, weil der faule Fuhrmann auf dem Sattel sitzen und ihn ver- und entriegeln kann, während er mit der Kette und dem Hebel absteigen muss. Auf diese Weise entlastet er den Rücken des Sattelmaultiers.

Wir alle wissen, dass man beim Reiten auf Maultieren über steile oder lange Hügel viel dazu beiträgt, dass die Tiere steifer werden und abgenutzt werden.

KAPITEL VI.
ETWAS MEHR ÜBER DIE ZUCHT VON MAULTIEREN.

Bevor ich diese Arbeit abschließe, möchte ich noch etwas über die Maultierzucht sagen. Es ist seit langem ein weit verbreiteter Irrtum, dass man, um ein gutes Maultierfohlen zu bekommen, große Stuten heranziehen muss. Die mittelgroße, kompakte Stute ist mit Abstand das beste Tier, um Maultiere daraus zu züchten. Die Erfahrung hat mich überzeugt, dass sehr große Maultiere für den Militärdienst ungefähr so nutzlos sind wie sehr große Männer für die Soldaten. Beide sind nicht besonders nützlich. Das eine ist gut darin, Rationen zu vernichten; das andere darin, Heuhaufen und Getreidesilos umzugraben. Von all unseren Armeeangehörigen habe ich nie sechs dieser großen, übergroßen Maultiere gesehen, die wirklich nützlich waren. Tatsächlich habe ich noch nie den Wert eines Tieres gesehen, das auf ein übergroßes Gestrüpp zuläuft oder zu stürmt. Dasselbe gilt für Mensch, Tier oder Pflanze. Ich werde die Durchschnittsgröße von jedem von ihnen bestimmen, und Sie werden die Überlegenheit anerkennen.

Der einzige Vorteil, den diese großen Stuten dem Maultier bieten können, ist die Größe der Füße und Knochen, die sie mit sich bringen. Je schwerer die Knochen und Füße sind, desto besser. Und doch kann man selbst das nur selten erreichen, und zwar aus dem Grund, den ich bereits genannt habe, weil die Stute in neunzehn von zwanzig Fällen eng mit dem Esel verwandt ist, insbesondere in den Füßen und Beinen. Es macht kaum einen Unterschied, wie man Stuten und Esel kreuzt, das Ergebnis ist fast sicher der Körper eines Pferdes, die Beine und Füße eines Esels, die Ohren eines Esels und in den meisten Fällen die Abzeichen eines Esels.

Die Natur hat diese Kreuzung zum Besten gelenkt, denn je näher die Stute dem Jack folgt, desto besser ist das Maultier. Ich habe ausnahmslos festgestellt, dass die Maultiere mit der höchsten Zeichnung und den tiefsten Farben die besten sind. Was ist es, das das mexikanische Maultier widerstandsfähig, schlank, robust, gut gezeichnet und so brauchbar macht? Es ist nichts weiter als die Zucht gesunder, brauchbarer, kompakter und temperamentvoller mexikanischer oder Mustang-Stuten. Tatsächlich müssen Sie bei der Kreuzung dieser Tiere dasselbe Urteilsvermögen anwenden, wie wenn Sie ein gutes Renn- oder Traberpferd züchten möchten.

Im Zuchtbuch von Mason und Skinner wird uns gesagt, dass die Stuten bei der Zucht von Maultieren großstämmige, kleine Gliedmaßen, einen mittelgroßen Kopf und eine gute Stirn haben sollten. Meiner Meinung nach wird dies für unsere Beamten eine sehr neuartige Empfehlung sein. Die Gliedmaßen und Füße des Maultiers sind identische Teile, die man so groß wie möglich haben möchte, wie jeder weiß, der viel mit dem Tier zu tun hatte. Selten findet man ein Maultier mit so langen Beinen wie ein Pferd. Da das Maultier jedoch den Körper eines Pferdes hat, wird es dicker und dicker und wird genauso schwer wie der Körper eines durchschnittlich großen Pferdes. Wenn man dann diese zusätzliche Menge Fett und Fleisch auf den schlanken Beinen und Füßen eines Esels tragen muss, kann man leicht erkennen, was das Ergebnis sein muss. NEIN; Sie werden absolut sicher sein, dass Ihr Maultier so großbeinig wie möglich wird. Und sorgen Sie auf jeden Fall dafür, dass die Stute, aus der Sie züchten, einen guten, gesunden und gesunden Fuß hat. Dann hat das Hengstfohlen eine gewisse Chance, einen Teil davon zu erben. Es ist natürlich, dass er umso stabiler unterwegs sein wird, je größer seine Füße werden. Manche Leute werden Ihnen sagen, dass diese kleinen Füße natürlich sind und am besten an das Tier angepasst sind. Aber sie vergessen, dass das Maultier kein natürliches Tier ist, sondern nur eine Erfindung des Menschen. Lassen Sie Ihre Stute und Ihren Jack jeweils durchschnittlich groß sein, der Jack ist gut markiert und die Nr. 1 seiner Art, und ich werde das Produkt nehmen und jede andere Rasse abnutzen. Tatsächlich müssen Sie sich nur auf Ihr besseres Urteilsvermögen berufen, um sich davon zu überzeugen, was daraus resultieren würde, wenn Sie einer Stute von sechzehn oder mehr Jahren einen Buben mit sieben oder acht Händen hoch setzen würden.

Ich habe einige merkwürdige Ergebnisse bei der Maultierzucht erlebt, die ich hier vielleicht erwähnen möchte. Ich habe häufig Fälle gesehen, in denen eines der besten Esel des Landes mit Stuten von guter Qualität und gutem Temperament gepaart wurde. Sie mit solch verachtenswerten Tieren zu paaren, schien sie zu erniedrigen und ihren natürlichen Willen und ihr Temperament zu zerstören. Das Ergebnis war eine Art Bastard-Maultier, ein kleinbeiniges, kleinfüßiges, feiges Tier, das alle Laster des Maultiers und keine der Tugenden des Pferdes geerbt hatte – das allergemeinste seiner Art.

KAPITEL VII.
ALTE GESCHICHTE DES Maultiers.

Das Maultier scheint von der Antike auf vielfältige Weise genutzt worden zu sein; aber was seine Produktion veranlasst haben sollte, muss für immer ein Rätsel bleiben. Es ist allgemein bekannt, dass sie früh seine große Nützlichkeit bei langen Reisen, beim Besteigen von Bergen und beim Durchqueren von Brandwüsten entdeckten, als der Lebensunterhalt und das Wasser knapp waren und Pferde umgekommen wären. Dass er sich bald von den schweren Folgen dieser langen und anstrengenden Reise erholen würde, muss in ihren Augen ebenfalls von großem Wert gewesen sein. Doch so sehr sie ihn auch wegen seiner Nützlichkeit schätzten, es scheint, als hätten sie nicht die geringste Verehrung für ihn empfunden, wie sie es für einige andere Tiere getan hatten. Ich glaube also, dass es seine große Nützlichkeit bei der Durchquerung der Sandwüsten war, die zu seiner Produktion führte. Es ist auch ein Beweis dafür, dass dort, wo der Esel zur Hand war, auch das Pferd war, sonst hätte das Maultier nicht hervorgebracht werden können. Jeder Mensch mit ausreichenden Kenntnissen zur Herstellung des Maultiers hätte auch über ausreichende Kenntnisse verfügt, um den Unterschied zwischen ihm und dem Pferd zu entdecken, und hätte dem Pferd in allen Diensten den Vorzug gegeben, außer dem, was ich gerade beschrieben habe. Und doch finden wir in der frühen Weltgeschichte Männer von Rang und sogar Herrscher, die sie bei Staats- und ähnlichen Anlässen einsetzten; und dies, obwohl man hätte annehmen können, dass das Pferd, da es das edlere Tier ist, mehr zur Schau gestellt hätte.

Die Bibel berichtet uns, dass Absalom, als er die Rebellen gegen seinen Vater David anführte, auf einem Maultier ritt, dass er unter einer Eiche hindurchritt und sich an den Haaren seines Hauptes erhängte. Dann hören wir wieder von dem Maultier bei der Amtseinführung König Salomons. Es ist nur vernünftig anzunehmen, dass das Pferd bei diesem großen Anlass verwendet worden wäre, wenn es anwesend gewesen wäre. Andererseits ist es nicht vernünftig anzunehmen, dass der Esel oder irgendetwas, das mit ihm zu tun hatte, von einem Volk hoch geschätzt wurde, das glaubte, dass Gott ihm durch seinen Propheten Moses geboten hatte, Ochse und Esel nicht zusammen zu treiben. Daraus muss gefolgert werden, dass der Esel nicht sehr hoch geschätzt wurde und dass das Verbot dazu diente, den Ochsen nicht zu erniedrigen, da er zu der Familie gehörte, aus der die perfekten männlichen Tiere für Opfergaben verwendet wurden. Natürlich durfte der Esel nie auf dem heiligen Altar erscheinen. Und doch ritt Er, der kam, um unser gefallenes Geschlecht zu retten, die Pforten des Himmels zu öffnen und die Worte des Propheten zu erfüllen, auf einem weiblichen Tier dieser offenbar erniedrigten Tierrasse, als Er seinen Triumphzug in die Stadt des Tempels des lebendigen Gottes antrat.

Liste der Maultiere, die vom 1. Februar 1863 bis zum 31. Juli 1866 im Depot von Washington, D.C. empfangen, gestorben und erschossen wurden.

Monat	1863			1864			1865			1866		
	Erhalten	Gestorben	Schuss	Erhalten	Gestorben	Schuss	Erhalten	Gestorben	Schuss	Erhalten	Gestorben	Schuss
Jan.	..	..	..	624	14	76	3.677	66	226	169	..	..
Febr.	135	96	7	329	16	62	1.603	84	150	34	2	1
Beschädigen.	2.552	150	4	448	10	64	2.823	77	169	13	..	..
April.	2.906	118	61	1.305	15	47	6.102	106	223	29	1	..
Mai.	1.087	56	46	2.440	18	52	11.780	68	211	20	1	..
Jun.	3.848	120	118	4.410	76	48	19.304	178	49	2	..	..
Juli.	1.731	94	335	4.702	74	125	13.398	462	68	62	..	..
Aug.	5.250	51	159	5.431	88	231	1.275	284	23	..	..	..
Sept.	2.834	72	248	1.198	64	176	1.536	3	18	..	..	..
Okt.	1.166	36	202	1.468	81	134	876	..	..	..	..	..
November	2.934	30	204	3.036	35	123	252	3	..	..	..	..
Dez.	2.832	14	113	3.923	66	158	324	4	..	..	..	..
Gesamt	27.275	837	1.497	29.414	557	1.296	62.950	1.335	1.137	329	4	1

DATUM	ERHALTEN	GESTORBEN	SCHUSS
1863	27.275	837	1.497
1864	29.414	557	1.296
1865	62.950	1.335	1.137
1866	329	4	1
Gesamt	119.968	2.733	3.931

BILDER EINIGER UNSERER BERÜHMTSTEN ARMY MULES.

Ich habe einige unserer Maultiere fotografieren lassen. Eine Reihe dieser Tiere leisteten außerordentliche Dienste im Zusammenhang mit der Potomac-Armee und der Westarmee. Eines von ihnen, ein bemerkenswertes Tier, machte die große Runde von Shermans Feldzug und ist von historischem Interesse. Ich schlage vor, Ihnen diese Abbildungen entsprechend ihrer Anzahl zu geben.

Nr. 1 ist also ein sehr bemerkenswertes Sechs-Maultier-Team. Es wurde im Frühjahr 1861 in Berryville, Maryland, unter der Leitung von Captain Sawtelle, AQM, ausgestattet. Es handelt sich alles um kleine, kompakte Pantoletten, und ich habe sie fotografieren lassen, um sie zusammen zu zeigen. Die Anführer und der Swing, oder wie manche sie nennen, die mittleren Anführer, arbeiten seit dem 31. Dezember 1861 kontinuierlich im selben Team zusammen. Sie wurden auch von demselben Fahrer gefahren, einem farbigen Mann namens Edward Wesley Williams. Er war bis zum 1. März 1862 bei Kapitän Sawtelle; wurde dann mit seinem Team in die Stadt Washington versetzt und einem Wagenführer namens Horn unterstellt, der zu Harrisburg, Pennsylvania, gehörte. Wesley kümmerte sich gut um sein Team und war ständig mit ihm im Einsatz in Washington, bis zum 14. Mai 1862. Anschließend wurde er mit seinem Team in einen Zug versetzt, der nach Fort Monroe zu General McClellan fahren sollte. Anschließend verfolgte er die Geschicke der Potomac-Armee die Halbinsel hinauf; war bei der Belagerung von Yorktown, der Schlacht von Williamsburg und in den Sümpfen der Chickahominy. Er nahm auch an den siebentägigen Schlachten teil und wurde bei Harrison's Landing mit der Potomac-Armee aufgezogen. Anschließend fuhr er sein Team zurück nach Fort Monroe, wo es mit den Tieren der Potomac-Armee nach Washington verschifft wurde. Sobald er einen Landeplatz erreicht hatte, machte er sich an die Arbeit und beteiligte sich am Munitionstransport in der zweiten Schlacht von Bull Run. Anschließend folgte er der Armee nach Antietam und von diesem Schlachtfeld nach Fredericksburg, wo er während der schrecklichen Katastrophe unter General Burnside Munition schleppte. Das Team gehörte damals zu einem Zug, dessen Wagenführer John Dorny war. Als General Hooker das Kommando über die Armee übernahm, folgte ihm dieses Team durch die Kämpfe in Chancellorville und Chantilly. Es folgte auch der Potomac-Armee, bis General Grant das Kommando übernahm und der Zug, zu dem es gehörte, nach City Point geschickt wurde. Dies bringt uns zum Jahr 1864. Es war mit der Armee vor Petersburg, und in diesem Winter wurde das Sattelmaultier durch den Schuss des Feindes getötet, während das Team eine Ladung Holz holen wollte. Kurz gesagt, sie wurden jeden Tag bearbeitet, bis Richmond eingenommen wurde. Im Juni 1865 wurden sie zurück in die Stadt Washington verlegt. Es ist jetzt August 1866, und sie arbeiten immer noch im Zug und bilden eine der besten Mannschaften, die wir haben. Ich beziehe mich jetzt auf die Anführer und Swing-Mules, da sie die einzigen vier sind, die zusammen sind und die Potomac-Armee durch alle ihre Feldzüge begleitet haben. Es gibt kein einziges der vier Maultiere, das mehr als vierzehneinhalb Hände hoch ist, und keins, das mehr als 900 Pfund wiegt. Ich sollte hier hinzufügen, dass dieses Team häufig vier oder fünf Tage lang keinen Bissen Heu oder Getreide hatte und nichts zu essen hatte außer dem, was sie unterwegs mitnehmen konnten. Und es gibt Fälle, in denen sie vierundzwanzig Stunden lang ohne einen Schluck Wasser ausgekommen sind. Das geübte Auge erkennt, dass sie einen runden, kompakten Körper haben und gut auf den Beinen stehen.

Nr. 2 ist der Anführer des Teams und für leichte Arbeiten in der Prärie, beim Packen oder für ähnliche Arbeiten ein Modell-Maultier. Tatsächlich ist sie nicht zu übertreffen. Ihre Knochen und Muskeln sind voll und sie neigt nicht dazu, in Fleisch und Blut zu verfallen.

Nr. 3 ist der Off-Leader desselben Teams. Sie ist eine gute Esserin, zäh, robust und eine gute Arbeiterin – in jeder Hinsicht ein erstklassiges Maultier. Ich würde Leuten, die Pantoletten kaufen, raten, auf ihre Form zu achten. Ihre Knie sind etwas weich; aber das hat ihre Arbeit in keiner Weise beeinträchtigt. Dies wurde dadurch verursacht, dass die Fersen an ihren Vorderfüßen zu weit herauswuchsen. Während der zweiten Schlacht von Bull Run und noch einige Zeit danach musste der Zug, zu dem sie gehörte, sehr hart arbeiten. Die Schuhe, die sie damals trug, waren, um es in der Sprache des Fahrers auszudrücken, „angezogen, um zu bleiben". Tatsächlich teilte er mir mit, dass sie so lange getragen wurden, dass er zu dem Schluss kam, dass sie bis zu den Füßen gewachsen seien. Und in diesem Fall, wie in vielen anderen, musste das Tier aus Mangel an ein wenig Wissen über die Besonderheiten der Füße eines Maultiers und die Verletzung, die durch übermäßiges Wachstum entsteht, leiden und wurde dauerhaft verletzt.

Nr. 4 ist der Off-Swing oder Middle-Leader. Sie ist vollkommen gesund, von guter Größe, eine gute Esserin und eine großartige Arbeiterin. Sie ist auch gut zum Packen geeignet und eine einigermaßen gute Reiterin. Ihre Ohren und Augen sind von allerbester Art und ihr ganzer Kopf zeugt von Intelligenz. Ihre Vorderteile sind Perfektion. Sie ist auch bemerkenswert freundlich.

Nr. 5 ist das Nahkampf-Maultier oder der Mittelführer. Sie hat eine sogenannte Mausfarbe und ist das fetteste Maultier im Gespann. Sie hat die gesamten Feldzüge der Potomac-Armee mitgemacht und ist heute makellos und in der Lage, so viel Arbeit zu leisten wie jedes andere Maultier im Rudel.

Ihre Ausdauer sowie ihre Fähigkeit, Hunger und Misshandlungen zu ertragen, sind unbeschreiblich. Ich hatte Maultiere von ihrer Statur in Zügen in den Westlichen Territorien dabei, die in einem fast unglaublichen Ausmaß Entbehrungen und Hunger ertragen mussten; und dennoch waren sie bemerkenswert sanft, wenn man sie gut behandelte, und folgten mir wie Hunde und versuchten mir tatsächlich zu zeigen, wie viel sie ertragen konnten, ohne mit der Wimper zu zucken.

Nr. 6 ist ein Maultier ohne Räder, von normaler Qualität. Ich musste die gefleckten Maultiere von den Rädern dieses Gespanns nehmen, da sie der geforderten Arbeit nicht gewachsen waren und vorne sehr wund wurden.

Nr. 7 ist ein gefleckter, oder, wie der. Die Mexikaner nennen sie „Calico Mule". Er und sein Kamerad wurden ungefähr zu der Zeit, als General Grant das Kommando über sie übernahm, zur Potomac-Armee geschickt. Sie wurden bis 1866 als Radmaultiere im Gespann eingesetzt, als dieses, wie fast alle gefleckten Tiere, seine Schwachstellen zeigte, indem es seine Vorderpfoten nachließ, die sich so stark zusammenzogen, dass der Chirurg sie fast zerschneiden musste aus. Wir waren gezwungen, ihn barfuß gehen zu lassen, bis sie erwachsen waren. Dies ist eines der gefleckten Maultiere, von denen ich zuvor gesprochen habe. Auf sie kann man sich nie verlassen.

Nr. 8 ist der Kumpel von Nr. 7. Sein Kopf, seine Ohren und seine Vorderschulter weisen darauf hin, dass er kanadischer Abstammung ist. Sein Hals und seine vordere Schulter sind, wie Sie sehen werden, tadellos. Aber wenn man seine Augen genau betrachtet, erkennt man, dass sie wund sind und ständig Wasser fließt. Mir ist aufgefallen, dass fast alle Tiere der Armee , die auf diese Weise gekennzeichnet sind, schwache und entzündete Augen haben. Ein Bauer sollte sie niemals kaufen.

Nr. 9 ist ein Swing-Mule, der viele Strapazen durchgemacht hat. Sie ist einigermaßen gut gebaut, neigt aber zum Treten. Außerdem ist es schwierig, sie in einem guten Zustand zu halten, und wenn man ihr nicht große Sorgfalt schenkt, würde sie an den Hinterpfoten nachgeben, wo sie jetzt eine beträchtliche Fülle zeigt. Wenn der Hals eines Maultiers nicht die übliche Dicke aufweist, muss das eine direkte Ursache haben, und Sie sollten sich daran machen, herauszufinden, woran das liegt. Manchmal ist Mangel an Nahrung die Ursache. Aber meiner Meinung nach beeinträchtigt eine Halsfalte sehr häufig die Passagen zum und vom Kopf, so dass die Organe, die für die Ablagerung von Fleisch, Fett oder Muskeln zuständig sind, gestört werden und der Hals schwach wird und sich in einem ungeordneten Zustand befindet. Käufer tun gut daran, diese Mules mit Bügelfaltenkragen wegzuwerfen.

Nr. 10 ist ein Tier mit einem ganz anderen Charakter als Nr. 9. Sie ist bemerkenswert sanft und gefügig, hat eine gute Figur und große Ausdauer und arbeitet in jeder Hinsicht. Sie ist 15 Handbreit und 1 Zoll groß, wiegt 150 Pfund und ist sieben Jahre alt. Dieses berühmte Tier hat alle Feldzüge von General Sherman mitgemacht und ist heute so gesund und aktiv wie ein Vierjähriger.

Nr. 11 ist eines dieser eigenartigen Tiere, die ich an anderer Stelle beschrieben habe. Er besteht nur aus Knochen und Bauch. Seine Beine sind lang und als Beine kaum zu gebrauchen. Er ist fünf Jahre alt, sechzehneinhalb Hände groß und wiegt dreizehnhundertneunzig Pfund. Eines seiner Hinterbeine zeigt eine durchgehende Nadel. Seine Sprunggelenke sind alle außer Form und seine Beine stecken in seinen Hufen fest, fast nach dem gleichen Prinzip, als würde man einen Pfosten in den Boden stecken. Der Grund dafür, dass seine Fesselgelenke so gerade sind, liegt darin, dass die Fersen an den Hinterpfoten beim Rasieren stark beschnitten wurden. Auch ihnen wurde erlaubt, zu lang zu werden, und so wird er in die Position gebracht, in der Sie ihn jetzt sehen. Dieses Maultier gehört zu einer Klasse, die in beträchtlichem Umfang gezüchtet wird und in Pennsylvania sehr geschätzt wird. In der Armee hatten sie nur einen sehr geringen Nutzen, außer um Futter zu verschlingen.

Nr. 12 ist ein Packesel erster Klasse. Er ist sieben Jahre alt, fünfzehneinhalb Hände groß und wiegt elfhundertsechsundfünfzig Pfund. Dieses Tier hat fast unglaubliche Strapazen ertragen müssen. Dafür ist er gemacht, wie Sie unschwer erkennen werden. Er ist das, was man ein beleibtes Maultier nennt, neigt aber nicht dazu, bis zum Bauch zu laufen, es sei denn, er ist überfüttert und hat keine Arbeit. Er hat ein bemerkenswert freundliches Wesen, ist gesund und ein guter Futterfresser. Dieses Tier hat nur mit einem Übel zu kämpfen. Sein abgeknickter Hinterfuß ist zu lang geworden und zeigt deutlich, wie weit er das Fesselgelenk zu weit nach hinten wirft. Dies ist in gewissem Maße die Auswirkung von schlechtem Beschlag. Es kommt sehr selten vor, dass ein Schmied diese Tatsache entdeckt, bevor es zu spät ist. Es gibt nichts Einfacheres, als ein Maultier dadurch zu ruinieren, dass seine Zehen zu lang werden. Doktor LH Braley, Cheftierarzt der Armee, entwickelt derzeit einen Plan zum Beschlagen von Maultieren, der meiner Meinung nach der beste ist, der vorgeschlagen wurde. Seine Behandlung des Fußes, wenn er gesund ist, und wie man ihn gesund hält; und wie man den Fuß durch Beschlagen behandelt, wenn er verletzt ist, ist das Beste, was man anwenden kann.

Nr. 13 ist ein Maultier, das in einem Zwei-Maultier-Zug gearbeitet hat, der seit etwa einem Jahr in meiner Obhut ist. Zuvor war sie in einem Sechs-Maultier-Zug als Off-Wheel-Maultier im Einsatz. Sie ist fünf Jahre alt und wächst; Er ist etwa fünfzehn Hände lang und drei Zoll hoch und wiegt vierzehnhundertzweiundzwanzig Pfund. Sie wurde in Wheeling, Virginia, in den Regierungsdienst aufgenommen und war erst zwei Jahre alt, als sie zusammen mit vierhundert anderen verschifft oder in dieses Depot überführt wurde. Sie war mindestens ein Jahr oder länger zu jung gearbeitet; und dieser Ursache schreibe ich bestimmte Verletzungen zu, von denen ich später sprechen werde. Dieses Maultier wurde zusammen mit zweihundert anderen der Potomac-Armee übergeben und durchlief deren Feldzüge von

1864 bis zum Fall von Richmond. Sie ist eine ausgezeichnete Arbeiterin und ihr Hals, Kopf und die Vorderschultern sind so gut wie möglich. Tatsächlich sind sie eine perfekte Entwicklung des Pferdes. Aber ihre Hüft- oder Flankengelenke sind sehr mangelhaft. Da sie zu jung gearbeitet wurde, sind die Muskeln der Hinterbeine nachgegeben und schief geworden. Dies geschieht häufig dadurch, dass das Tier in jungen Jahren auf dem Rad eingesetzt wird und sich unter schwerer Last zurückhält. Wenn Sie sehen möchten, wie schnell Sie junge Pantoletten ruinieren können, stellen Sie sie auf die Räder.

Nr. 14 ist das Maultier ohne Rad eines Sechsergespanns. Ich habe dieses Maultier fotografieren lassen, um zu zeigen, welche Auswirkungen es hat, wenn man Tiere so kurz an das Gespann anbindet, dass der Schwingbaum ihre Sprunggelenke berührt oder darauf ruht. Ich habe dieses große Übel an anderer Stelle erwähnt. Dieses Maultier ist erst sechs Jahre alt, sechzehn Handbreit groß und wiegt fast sechzehnhundert Pfund. Abgesehen von den Sprunggelenken ist sie das bestgebaute und schönste Maultier im Park und außerdem ein bemerkenswert guter Arbeiter. Sie werden jedoch bemerken, dass die Kappen ihrer Sprunggelenke durch die Wirkung des Schwingbaums so geschwollen und schwielig sind, dass sie dauerhaft entstellt sind. Die Position, in die ich dieses Maultier in Bezug auf das Wagenrad gebracht habe, ist die richtige Position für alle wilden, unerfahrenen, widerspenstigen oder störrischen Maultiere, wenn sie schwer zu zügeln sind.

Dies ist die härteste Anwendung, für die ein Lasso an Maultieren oder Pferden verwendet werden kann. Der Benutzer sollte jedoch darauf achten, dass es weit hinten an der Schulter des Tieres sitzt. Ich beziehe mich jetzt auf den Teil der Schlaufe, der um den Hals verläuft. Das Ende des Lassos sollte immer von einem Mann gehalten und nicht an einem Teil des Wagens befestigt werden, damit Sie das Lasso lockern und das Tier vor Verletzungen

bewahren können, wenn es fällt oder sich stürzt. Dreimaliges Anziehen des
Bocks wird sie so gründlich besiegen, dass Sie danach kaum noch Probleme
haben werden. Achten Sie darauf, dass das Lasso vorne auf Brusthöhe des
Maultiers sitzt; und achten Sie auch darauf, dass es dicht an das Vorderrad
herangezogen wird, bevor Sie es durch das Hinterrad ziehen.

Bei Maultieren häufig auftretende Krankheiten und ihre Behandlung.

Das Maultier unterscheidet sich in den Krankheiten, die es befallen, nicht wesentlich vom Pferd. Es leidet jedoch weniger darunter, da ihm die Sensibilität fehlt. Es mag hier nützlich sein, einige Bemerkungen zu den verschiedenen Krankheiten zu machen, denen es ausgesetzt ist, und eine Behandlungsmethode zu empfehlen, die ich praktiziert und praktiziert gesehen habe und die meiner Meinung nach die beste ist, die angewendet werden kann.

Staupe bei Hengstfohlen.

Diese Krankheit kommt nur bei jungen Maultieren vor. Die Symptome sind Schmerzen und Schwellungen der Drüsen im Hals, Husten, Schluckbeschwerden, Ausfluss aus der Nase und allgemeine Erschöpfung. Wenn sie nicht richtig behandelt wird, ist sie mit Sicherheit tödlich.

BEHANDLUNG: - Geben Sie leichten Kleiebrei und reichlich Kochsalz und halten Sie das Tier in einem warmen und trockenen Stall. Du brauchst dich nicht zu kleiden, denn das Maultier ist, anders als das Pferd, nicht an Kleidung gewöhnt. Wenn die Schwellung unter der Kehle eine Neigung zur Geschwürbildung zeigt, was im Allgemeinen der Fall ist, unternehmen Sie nichts, um dies zu verhindern. Ermutigen Sie das Geschwür und lassen Sie es sich allmählich zuspitzen, denn dies ist der einfachste und natürlichste Weg, die Beschwerden, die auf den ersten Blick das ganze System zu durchdringen scheinen, loszuwerden. Wenn das Geschwür weich genug erscheint, um aufzustechen, tun Sie dies und achten Sie dabei darauf, die Drüsen und Venen zu meiden. Stechen Sie an der weichen Stelle durch die Haut, die fast reißbereit zu sein scheint. Wenn der Hals zu irgendeinem Zeitpunkt so geschwollen ist, dass das Schlucken erschwert wird, geben Sie häufig Wasser, etwa milchwarm, mit nahrhaftem Futter aus Hafer, Mais oder Roggenmehl – Letzteres ist das Beste. Wenn diese sehr einfache Behandlung sorgfältig durchgeführt wird, werden sich nur wenige Tiere nicht erholen.

KATARRH ODER ERKÄLTUNG.

Diese Krankheit befällt das Maultier selten. Wir hatten viele Tausende von ihnen im Lager, und von all diesen Tieren kann ich mich an keinen einzigen Fall erinnern, in dem sie ein einziges Tier getötet oder außer Gefecht gesetzt hätte. Tatsächlich frage ich mich, ob Maultiere sich erkälten, wenn sie so gehalten werden, wie die Regierung sie hält – im Freien oder in Schuppen, wo die Temperatur dieselbe ist wie draußen.

ROTZ.

Dies ist eine der verheerendsten Krankheiten, die die Pferdefamilie befallen, und eine, die die besten Veterinärmediziner der Welt herausfordert. Ein Heilmittel dafür muss noch gefunden werden. Ich habe es jedoch für angebracht gehalten, hier die Symptome genau zu beschreiben und zu empfehlen, alle Tiere, die Symptome zeigen, in Ruhe zu lassen, bis ihr Fall eindeutig geklärt ist. Wenn Sie mit Sicherheit festgestellt haben, dass sie von der Krankheit befallen sind, töten Sie sie so schnell wie möglich. Sorgen Sie auch dafür, dass der Ort, an dem sie gehalten wurden, gründlich gereinigt und mit Kalk bestreut wird, denn die Krankheit ist ansteckend und das kleinste Viruspartikel kann sie erneut verbreiten.

Farcy ist nur ein Stadium dieser schrecklichen Krankheit, aber in diesem Stadium ist es nicht unbedingt tödlich. Es sollte jedoch mit großer Sorgfalt und Vorsicht behandelt werden. Farcy kann auch durch Impfung auf andere übertragen werden. Jeder, der in den letzten vier Jahren das Beobachtungsfeld des Autors hatte, würde zu der Überzeugung gelangen, dass die Empfehlungen, die ich jetzt geben werde, den einzigen Weg beschreiben, der bei dieser ansteckenden Krankheit eingeschlagen werden kann. Die Zahl der Opfer, die ich beobachtete, betrug Tausende. Alles, was getan werden kann, ist, das Auftreten der Krankheit nach Möglichkeit zu verhindern und zu vernichten, wenn mit Sicherheit festgestellt wird, dass das Tier damit infiziert ist. Ich möchte hier jedoch sagen, dass dieses Thema bald ausführlich in einem Werk behandelt wird, das bald von Dr. Braley, dem leitenden Tierarzt der Armee, veröffentlicht wird. Er wird zweifellos etwas Licht auf das Thema werfen, das noch nicht in gedruckter Form erschienen ist.

SYMPTOME.

Erstens: Wenn es in natürlicher Form auftritt, ohne dass es zu einer Ansteckung oder Impfung kommt, kommt es zu Trockenheit der Haut, völligem Ausbleiben von unempfindlichem Schweiß und Starrheit des Fells. Manchmal sind leichte Verfärbungen im Bereich der Stirn und des unteren Teils der Ohren zu beobachten. Schläfrigkeit, Mangel an Glanz im Auge, leichte Schwellung an der Innenseite der Hinterbeine, die bis zur Buboa reicht. Dieser Zustand kann mehrere Tage anhalten und wird von einer Vergrößerung zwischen den Beinen begleitet. Die damit einhergehende Entzündung kann ganz nachlassen oder sich weiter vergrößern und in Geschwüren an den *Milchgefäßen* der Lymphgefäße ausbrechen , die die großen Venen begleiten. Im letzten Fall ist es in Form von Farcy aufgetreten. In diesem Fall nimmt das Gesicht einen fröhlicheren Ausdruck an, und das Tier zeigt ansonsten Anzeichen einer Erleichterung von den giftigen Ausscheidungen. Bleibt es in diesem Zustand, ist in der Regel nicht der Tod die Folge. Wenn das System gestärkt wird, heilt es manchmal, und das Tier scheint sich in einem sich erholenden Gesundheitszustand zu befinden.

Doch wenn Sie anschließend die Symptome und den allgemeinen Gesundheitszustand des Tieres beobachten, werden Sie überzeugt sein, dass die Krankheit nur eingedämmt und nicht ausgerottet wird. Da es im System agiert, wartet es nur auf eine günstige Gelegenheit, als Sekundärerreger bei Erkältungen, allgemeiner Schwäche oder Exposition zu wirken, dann tritt es in Erscheinung und führt zum Tod.

Aber im ersten Fall, wie die Schwellungen in den Hinterbeinen zeigen, wenn die Schwellungen verschwinden und die allgemeine Schwäche des Körpers anhält; wenn die Augen schläfriger werden und aus den unteren Augenwinkeln Ausfluss kommt; und wenn darauf Ausfluss aus den Nasenlöchern, leichte Schwellungen und Verhärtungen der Unterkieferdrüsen, die sich zwischen den Unterkiefern befinden, folgt, dann handelt es sich eindeutig um Rotz. Alle Drüsen im Körper sind nun betroffen oder vergiftet, und der Tod muss innerhalb von zehn oder fünfzehn Tagen eintreten, da die Konstitution des Tieres möglicherweise nicht in der Lage ist, die Krankheit zu bekämpfen.

Wenn diese Krankheit durch Inokulation von eiternden Wunden bei anderen Tieren aus den *Farce-Köpfen* von Farce-Tieren geschädigt wird, wird sie nur sehr langsam fortschreiten, insbesondere wenn sie das andere in einer vom Lymphsystem entfernten Region befällt. Bei einer Sattelgalle ist die Wundheilung sehr schwierig. Wenn es überhaupt eine Möglichkeit gibt, den Verlauf der Krankheit zu kontrollieren, dann in diesen drei Fällen.

Ich habe beobachtet, dass, wenn es in einen wunden Mund aufgenommen wurde, es die Wange hinunter zu den Unterkieferdrüsen wanderte und in einem klaren Fall von Rotz oder Rotz endete. Es gibt eine andere Form, in der diese Krankheit übertragen werden kann, und die von allen anderen die heimtückischste und gefährlichste ist, die jedoch nie ohne die Einwirkung anderer Krankheiten zum Tod führt – sie trägt immer die Infektionskeime mit sich und ist bereit, sie auf geschwächte Personen zu übertragen und deren Tod zu verursachen. Das Tier selbst wird trotzdem überleben und keine weiteren Anzeichen der Krankheit zeigen, als ich gleich in dieser Situation beschreiben werde. Es ist das, was durch die Nasenlöcher aufgenommen wird und die Unterkieferdrüsen angreift, die sich vergrößern und so bleiben. Wenn diese überlastet werden, tritt Ausfluss aus der Nase auf. Wenn dieser ausgeschieden wird, kann es einige Zeit dauern, bis weiterer Ausfluss aus derselben Quelle sichtbar wird. In manchen Fällen, wenn der Ausfluss konstant ist, kann man ihn leicht von Rotz oder Ozena unterscheiden, da die Nasenschleimhäute gesund und natürlich aussehen, da sie zunächst blass sind und dann feuerrot oder violett werden. Bei Rotz sind die Ausflüsse aus den Nasenlöchern wie bei Ozena sehr hell gefärbt. Bei Rotz sind sie zunächst tiefgelb, dann schmutzig grau – fast schieferfarben.

Maultiere, die von Rotz dieser Art betroffen sind, sollten getötet werden, auch wenn dies aufgrund ihres ansonsten gesunden Aussehens hart erscheinen mag. Sie tragen in der Tat die Keime der Infektion und des Todes in sich, ohne sichtbare Anzeichen in ihrem Aussehen, die diejenigen, die sich um Tiere kümmern, vor ihrer Gefahr warnen könnten.

ZAHNEN.

Da Maultiere selten vor dem Alter von zwei oder drei Jahren in größerem Umfang den Besitzer wechseln, wird es hier nicht für notwendig erachtet, etwas über ihr Alter zu sagen, bis sie zwei Jahre alt sind, um dem Unerfahrenen einen größeren Überblick zu geben. Das Maul des Maultiers macht genau dieselben Veränderungen durch wie das des Pferdes. Im Alter zwischen zwei und drei Jahren beginnen diese Veränderungen im Maul des Maultiers stattzufinden. Die vorderen Schneidezähne, zwei oben und zwei unten, werden vom Pferd durch bleibende Zähne ersetzt. Diese Zähne sind größer als die anderen, haben zwei Rillen in der äußeren Gegenfläche und die Markierung ist lang, schmal, tief und schwarz. Da sie noch nicht ausgewachsen sind, stehen sie etwas tiefer als die anderen, wobei die Markierung bei den beiden nächsten Zangen fast abgenutzt ist und sich auch bei den Eckzangen abnutzt.

Bei einem dreijährigen Maultier sollten die mittleren bleibenden Beißerchen wachsen, die anderen beiden Paare sollten sich vereinigen, sechs Backenzähne in jedem Kiefer, oben und unten, die erste und fünfte auf gleicher Höhe mit den anderen und die sechste hervorstehend. Wenn die bleibenden Beißerchen verschleißen und weiter wachsen, ist ein schmaler Teil des kegelförmigen Zahns dem Abrieb ausgesetzt; und sie sehen aus, als wären sie zusammengedrückt worden. Dies ist jedoch nicht der Fall; die Abdrücke einiger Zähne verschwinden allmählich, wenn die Grube abgenutzt wird. Im Alter von dreieinhalb oder vier Jahren wird das nächste Beißerpaar gewechselt, und das Maul kann zu diesem Zeitpunkt nicht mehr verwechselt werden. Die mittleren Beißerchen werden fast ihre volle Größe erreicht haben, und eine Lücke wird dort zurückbleiben, wo die zweite war; oder sie werden anfangen, über das Zahnfleisch hinauszuschauen, und die Eckzähne werden in der Breite schrumpfen und abgenutzt, wobei die Abdrücke klein und blass werden. In dieser Zeit wird auch das zweite Backenzahnpaar ausfallen. Mit vier Jahren sind die mittleren Beißer voll entwickelt, die scharfen Kanten etwas abgenutzt und die Abdrücke kürzer, breiter und blasser. Das nächste Paar ist oben, aber klein, mit tiefen und sich ziemlich weit erstreckenden Abdrücken. Ihre Eckbeißer sind größer als die inneren, aber kleiner als sie waren, flach und fast abgenutzt. Der sechste Backenzahn ist auf die gleiche Höhe wie die anderen gestiegen, und die Hauer beginnen beim Männchen zu erscheinen. Das Weibchen hat sie selten, obwohl der Keim immer im Kiefer vorhanden ist. Mit viereinhalb Jahren oder zwischen diesem und fünf Jahren findet die letzte wichtige Veränderung im Maul des Maultiers statt. Die Eckbeißer fallen aus und die bleibenden beginnen zu erscheinen. Wenn die mittleren Beißer erheblich abgenutzt sind und das nächste Paar Abnutzungsspuren zeigt, ist der Hauer hervorgetreten und im Allgemeinen einen ganzen halben Zoll hoch. Äußerlich hat er eine abgerundete Erhebung mit einer Rille auf beiden Seiten und ist innen offensichtlich hohl. Im Alter von sechs Jahren ist die Markierung auf den mittleren Beißern abgenutzt. In der Mitte des Zahns ist jedoch immer noch ein Farbunterschied zu sehen. Der Zement, der das durch das Eintauchen des Zahnschmelzes entstandene Loch füllt, weist einen bräunlicheren Farbton auf als der übrige Teil des Zahns. Er ist von einem Rand aus Zahnschmelz umgeben und in der Mitte verbleibt eine kleine Vertiefung sowie eine Vertiefung um den Zahnschmelz. Das tiefe Loch in der Mitte des Zahnschmelzes mit der geschwärzten Oberfläche und dem erhöhten Rand des Zahnschmelzes ist jedoch verschwunden. Man kann nun sagen, dass das Maultier ein perfektes Maul hat, da alle Zähne ausgebildet und vollständig ausgewachsen sind.

Was ich oben gesagt habe, darf nicht in allen Fällen als positiver Leitfaden verstanden werden, denn das Maul von Maultieren wird durch grausame Behandlung und die Unerfahrenheit, um keinen härteren Ausdruck zu verwenden, häufig zerrissen, verdreht, zerschmettert und in alle möglichen Formen geschlagen. derer, die für sie verantwortlich sind. Tatsächlich habe ich Fälle von Grausamkeit erlebt, die so schwerwiegend war, dass es unmöglich war, das Alter des Tieres anhand seiner Zähne zu erkennen.

Im Alter von sieben Jahren ist die Markierung, wie ich sie beschrieben habe, an den vier mittleren Zangen abgenutzt und nutzt sich auch an den Eckzähnen schnell ab. Ich beziehe mich jetzt auf einen natürlichen Mund, der keinen Verletzungen ausgesetzt war. Im Alter von acht Jahren ist der Fleck von allen Gesäßzangen verschwunden und man könnte sagen, dass er sich ganz außerhalb des Mauls befindet. In den Bodenzangen ist nichts mehr vorhanden, anhand dessen sich das Alter des Maultiers eindeutig feststellen lässt. Die Gesten sind zu jedem Zeitpunkt im Leben eines Tieres ein schlechter Anhaltspunkt, um sein Alter festzustellen; Sie sind den von mir erwähnten Verletzungen mehr als alle anderen Zähne am meisten ausgesetzt. Ab diesem Zeitpunkt können die Veränderungen an den Zähnen bei der Meinungsbildung hilfreich sein; aber es gibt keine Markierungen in den Zähnen, anhand derer ein Jahr mehr oder weniger eindeutig festgestellt werden könnte. Aus dem allgemeinen Erscheinungsbild des Tieres kann man fast ebenso viel erkennen wie aus einer Untersuchung des Mauls. Das Maultier hat, wenn es langlebig ist, die gleiche Wirkung, indem es sein allgemeines Aussehen von der Jugend bis zum Alter verändert, wie es bei der übrigen Tierschöpfung der Fall ist.

ZAHNKRANKHEITEN.

Es gibt, wenn überhaupt, nur wenige Krankheiten, denen die Zähne des Maultiers nach der Entwicklung der bleibenden Zähne ausgesetzt sind. aber während der Zeit ihrer Veränderungen wurde ich zu der Annahme gebracht, dass er mehr Unannehmlichkeiten erleidet, oder zumindest so viel wie jedes andere Tier – nicht so sehr wegen des Leidens, das die Natur ihm zufügt, sondern wegen der Unerfahrenheit und Grausamkeit derjenigen, denen grundsätzlich seine Fürsorge anvertraut ist. Ich werde hier zunächst von Lampas sprechen. Das Maul des Tieres wird durch das Zahnen wund und empfindlich; und diese Reizung und Schmerzen werden durch die Verwendung falscher Gebisse verstärkt. Als ob dies nicht genug wäre, wird auf die barbarische und unmenschliche Praxis des Ausbrennens von Lampas zurückgegriffen. Das tue ich und habe immer dagegen protestiert. Wenn das Zahnfleisch durch das Schneiden der Zähne geschwollen ist, was im Wesentlichen die Ursache für sein entzündetes und vergrößertes Aussehen ist, kann ein leichter Streich mit einer Lanzette oder einem scharfen Messer über das Zahnfleisch an einer Stelle durchgeführt werden, an der sich die Zähne durchdringen ein wenig Rücksicht auf die Ernährung des Tieres genügt. Es darf nicht vergessen werden, dass das Maul des Tieres zu diesem Zeitpunkt zu wund und empfindlich ist, um harte Nahrung, wie zum Beispiel Mais, zu zerkauen. Mit der Entwicklung der Zähne verschwindet der Lampas jedoch in der Regel.

DAS AUGE.

Pantoletten zeichnen sich durch gute Augen aus. Gelegentlich entzünden sie sich und tun weh. In solchen Fällen kann ich nur die Anwendung von kaltem Wasser und die Beseitigung der Ursache empfehlen, sei es durch Scheuern der Scheuklappen, durch das Eindringen von Blut in den Kopf durch schlecht sitzende Halsbänder oder durch jede andere bekannte Ursache in ihrem Fall.

DIE ZUNGE.

Maultiere leiden sehr unter einer Verletzung der Zunge, die durch die schlechte Behandlung derer, die sie betreuen, verursacht wird, und auch unter schmerzhaften Monaten, die auf die gleiche Weise verursacht werden. Am besten eignet sich hierfür ein leichter Sud aus Weißeichenrinde, den man mit einem Schwamm auf die wunden Stellen aufträgt. Gut geeignet ist Holzkohle, mit Wasser vermischt und auf die gleiche Weise aufgetragen. Es kann jede beliebige Menge verwendet werden, da es nicht gefährlich ist. Geben Sie dem Tier nach Möglichkeit nahrhaften Brei oder Kleiebrei; Und vor allem: Halten Sie das Gebiss aus dem Mund, bis es vollständig verheilt ist.

UMFRAGE-BÖSE.

Dabei handelt es sich um eine Krankheit, der das Maultier häufiger als alle anderen Tiere ausgesetzt ist. Dies gilt insbesondere für diejenigen, die ununterbrochen in den Dienst der Regierung gestellt werden. Es ist sehr leicht zu erkennen, dass sie durch das notwendige Training, das Halfterbrechen usw. vielen Ursachen dieser Krankheit ausgesetzt werden. Abgesehen davon führt die unmenschliche Behandlung von Fuhrleuten und anderen, die für sie verantwortlich sind, häufig zu ihrer schlimmsten Form. Es beginnt mit einem Geschwür oder einer Wunde an der Verbindungsstelle zwischen Kopf und Hals; und aus dieser Position heraus ist es, mehr als jede andere Ursache, sehr schwer zu heilen. Das erste, was man tun sollte, wenn die Schwellung auftritt, ist die Verwendung von heißen Aufschäumungen. Wenn diese nicht zur Hand sind, verwenden Sie häufig kaltes Wasser. Halten Sie Zaumzeug und Halfter von den Teilen fern. Falls die Entzündung nicht gelindert werden kann und Geschwürbildung auftritt, ist die Verwendung des Fadens das einzige Mittel, um eine Heilung mit Sicherheit und Gewissheit herbeizuführen. Dies sollte nur von einer Hand durchgeführt werden, die sich darin gut auskennt. Die Person sollte auch die Anatomie der Teile gut verstehen, da mit der Fadennadel verursachte Verletzungen an diesen Stellen oft schwerwiegender und schwieriger zu heilen sind als die durch die erste Verletzung verursachte Krankheit.

FISTEL.

Diese Krankheit ist beim Maultier häufiger als bei jedem anderen Tier, das von der Regierung verwendet wird. Und zwar deshalb, weil es von fast allen Nationen und Bevölkerungsklassen als Lasttier verwendet wird und weil es am schlechtesten versorgt wird. Fisteln sind die Folge von Prellungen. Manche Tiere haben sie sich nachweislich zugezogen, wenn sie sich auf Steinen oder anderen harten Stoffen wälzen. Sie treten normalerweise zuerst in Form einer Erhöhung oder Schwellung auf, wo der Sattel zu stark auf den Widerrist gedrückt hat, und insbesondere dann, wenn das Tier einen hohen und mageren Widerrist hat. Wenn das Fleisch des Tieres abnimmt, liegt der Widerrist natürlich freier und erscheint höher, da die Muskeln auf beiden Seiten der Wirbelsäule schwinden. Dies kann unter dem Sattel weitgehend behoben werden, indem man der Satteldecke eine zusätzliche Falte hinzufügt oder das Sattelpolster hoch genug macht, um es vom Widerrist fernzuhalten. Beim Packen mit dem Packsattel ist dies schwieriger, da das Gewicht normalerweise eine tote, schwere Substanz ist und das Packen dasselbe tut, wenn das Tier tiefer oder höher tritt. Durch sorgfältiges Einpacken kann jedoch viel getan werden, um Verletzungen des Widerrists und Quetschungen der Wirbelsäule zu verhindern. Wenn der Widerrist anzuschwellen beginnt und eine Entzündung einsetzt oder sich ein Tumor zu bilden beginnt, kann das Ganze durch häufige oder fast ständige

Anwendung von kaltem Wasser verdrängt und die Fistel gestreut oder vermieden werden – dasselbe, was bei Kopfweh empfohlen wird. Sollte die Schwellung jedoch trotzdem anhalten oder größer werden, sollten warme Umschläge, Breiumschläge und stimulierende Einreibungen angewendet werden, um die Ausstülpung so schnell wie möglich vollständig auszubilden. Wenn sie voll ist, sollte mit geschickter Hand ein Seton von oben nach unten durch den Tumor geführt werden, damit der gesamte Eiter ungehindert abfließen kann. Der Einschnitt sollte freigehalten werden, bis die gesamte Substanz abgegangen ist und die Wunde Anzeichen der Heilung zeigt. Die Nachbehandlung muss der bei Kopfweh empfohlenen ähnlich sein. Die obige Behandlung wird, wenn sie richtig durchgeführt wird, in fast allen Fällen von *Fisteln* eine Heilung bewirken.

Kragengallen.

Halsschmerzen, Sattelgallen und Stilfasts sind eine Art von Verletzungen und Wunden, die in vielen Fällen sehr schwer zu heilen sind, insbesondere Sattelgallen bei Maultieren, die jeden Tag geritten werden müssen. Eines der besten Mittel gegen Sattelgalle besteht darin, den Sattel so weit wie möglich anzuheben und den Rücken so oft wie möglich mit kaltem Wasser zu baden. In vielen Fällen wird dies das Fieber vertreiben und die bevorstehenden Beschwerden zerstreuen. Dies löst sich jedoch nicht immer auf, da das Problem oft anhält und sich in der Mitte dessen, was wir Sattelgalle nennen, eine Wurzel bildet. Die Kanten davon sind klar und der Stiel hält nur an der Wurzel fest. Ich habe bei dem Maultier viele Fälle dieser Art erlebt, sowohl am Rücken als auch am Hals, meist weil das Halsband zu locker war. Und ich habe nur einen Weg gefunden, sie wirksam zu heilen. Manche raten zum Schneiden, da es meiner Meinung nach zu mühsam und schmerzhaft für das Tier ist. Mein Rat ist, eine Zange oder Pinzette jeglicher Art zu nehmen und sie herauszuziehen. Wenn dies erledigt ist, baden Sie häufig mit kaltem Wasser und halten Sie das Halsband oder den Sattel so weit wie möglich von der Wunde frei. Dies trägt mehr zur Linderung des Tiers und zur Heilung der Verletzung bei als alle Medikamente, die Sie verabreichen können. Während die Heilung beginnt, kann ein wenig beruhigendes Öl oder salzfreies Fett leicht auf die Teile aufgetragen werden. Dies ist ein sehr einfaches, aber wirksames Mittel.

SOOR.

Dies ist ein weiteres Problem, das das Maultier plagt. Schneiden Sie die Teile der Strahlfurche ab, die zerstört zu sein scheinen, reinigen Sie die Teile gründlich mit Kastilienseife und wenden Sie Salzsäure an. Wenn Sie dies nicht zur Hand haben, ist ein wenig Teer, der mit Salz vermischt und auf Werg oder Werg aufgetragen wird, fast genauso gut. Wenden Sie dies täglich an, pflegen Sie die Teile gut und behandeln Sie die Hufe gemäß den Anweisungen zum Beschlagen, und das Problem wird bald verschwinden.

BRUSTGRÜNDER.

Maultiere sind nicht anfällig für diese Krankheit. Manche Leute behaupten, dass sie es sind, aber das ist ein Irrtum. Diese Leute verwechseln mit Hufrehe im Brustbereich, was nichts anderes als eine Kontraktion der Füße ist. Ich habe wiederholt erlebt, wie Tierärzte beim Militär auf die Frage, was einem Maultier fehlte, hinsahen und als Beschwerde Hufrehe im Brustbereich, geschwollene Schultern usw. angaben. Ich war geneigt, ein wenig Vertrauen in die Weisheit dieser Herren zu setzen, bis Doktor Braley, Cheftierarzt des Department of Washington, die überzeugendsten Beweise dafür vorlegte, dass es bei diesen Tieren fast unmöglich sei, sich an der Schulter zu verletzen. Wenn Maultiere vorne wund werden, schauen Sie sich ihre Füße genau an, und in neun von zehn Fällen werden Sie dort die Ursache des Problems finden. In sehr vielen Fällen kann ein guter, praktischer Hufschmied das Problem durch richtiges Beschneiden und Beschlagen beheben.

BLUTUNG.

Es war bei mir immer ein Gegenstand der Frage, wer das System der Blutung hervorgebracht hat; und warum alle Arten von Ärzten darauf bestehen, den Strom des Lebens selbst aus dem System zu nehmen, um Leben zu erhalten. Im Fall von General Washington, den ich aus dem *Independent Chronicle* of Boston vom 6. Januar 1800 kopiere, gibt der Herausgeber unter Verwendung von „James Craik, Arzt, und Elisha C. Dick, Arzt" als Autorität an, dass ein Entbluter beschafft wurde in der Nachbarschaft, der am Morgen zwölf bis vierzehn Unzen Blut aus dem Arm des Generals abnahm; und am Nachmittag desselben Tages wurde zweimal reichlich geblutet. Darüber hinaus einigten sich dieselben aufgeklärten Ärzte darauf, das Ergebnis eines weiteren Aderlasses zu testen, bei dem 32 Unzen mehr entnommen wurden. Und so wunderbar es dem intelligenten Geist heutzutage auch erscheinen mag, sie behaupten, dass dies alles ohne die geringste Linderung der Krankheit geschah. Die Welt ist inzwischen weiser geworden, und die Erfahrung hat gezeigt, wie lächerlich dieses Blutungssystem war. Was für das menschliche System gilt, gilt auch für das Tier. Es gibt einige extreme Fälle, bei denen ich keinen Zweifel daran habe, dass mäßige Blutungen Linderung verschaffen könnten. Aber diese Fälle sind so selten, dass sie nur von einer erfahrenen, sorgfältigen und geschickten Person durchgeführt werden sollten. Mein Rat ist: Vermeiden Sie es in allen Fällen, in denen Sie können.

KOLIK.

Das Maultier ist sehr anfällig für diese Beschwerden. Es ist das, was man allgemein als Bauchschmerzen bezeichnet. Übermäßige Dosen kalten

Wassers verursachen sie. Es gibt jedoch nichts, was sie bei Maultieren so wahrscheinlich verursacht wie Getreideveränderungen. Auch modriger Mais verursacht sie und sollte Tieren niemals gegeben werden. Ich erinnere mich, dass 1856, als ich in Fort Union in New Mexico war, mehrere Maultiere starben, weil sie sogenannten spanischen oder mexikanischen Mais fraßen, ein kleines blaues und violettes Korn. Es war außerordentlich hart und kieselig und ähnelte tatsächlich eher Schrot als Getreide. Wir gaben dem Maultier bei der ersten Fütterung etwa vier Quarts davon. Das Ergebnis war, dass sie anschwollen, zu keuchen begannen, sich umdrehten und über den Augen und an den Flanken schwitzten. Dann begannen sie sich zu wälzen, sprangen plötzlich auf, legten sich wieder hin, wälzten sich und versuchten, sich auf den Rücken zu legen. Dann sprangen sie auf und fielen nach einigen Sekunden Stehen wieder hin und stöhnten und keuchten. Schließlich ergaben sie sich ihrem offenbar bekannten Schicksal und starben. Und doch, so seltsam es auch erscheinen mag, konnte das Tier zunächst durch eine umsichtige Fütterung an dieses Getreide gewöhnt werden.

Wir wussten damals nicht, was wir dem Tier geben sollten, um seine Beschwerden zu lindern oder zu heilen. Die Regierung verlor aufgrund unseres Mangels an Wissen Hunderte wertvoller Tiere. Wenn diese schlimmen Fälle auftreten, besorgen Sie sich gewöhnliche Seife, stellen Sie einen starken Schaum her und übergießen Sie das Maultier damit. Ich habe festgestellt, dass das Maultier in jedem Fall, in dem ich es verwendet habe, wieder gesund wurde. Es ist das Alkali in der Seife, das die Gase neutralisiert. Es gibt ein weiteres gutes Rezept, das man normalerweise im Lager findet. Nehmen Sie zwei Unzen Salbei, geben Sie ihn in einen halben Liter Wasser, schütteln Sie ihn gut und übergießen Sie ihn dann damit. Halten Sie vor allem Whisky und andere Stimulanzien fern, da sie die Krankheit nur verschlimmern.

PHYSIK.

Dies ist eine weitere dieser imaginären Heilmittel, zu denen Personen, die für Maultiere verantwortlich sind, Zuflucht nehmen. Sehr viele dieser Personen glauben ehrlich, dass es notwendig ist, das Tier jedes Frühjahr mit großen Dosen giftiger und anderer Substanzen zu reinigen. Dies, sagen sie, sollte gegeben werden, um die Haut zu lockern, das Haar weicher zu machen usw. Meiner Meinung nach bringt es sehr wenig Gutes. Wenn sein Mist trocken und sein Haar hart und knusprig ist, geben Sie ihm bei jeder Fütterung Kleiebrei mit seinem Getreide und einen Teelöffel Salz. Wenn es Gras gibt, lassen Sie ihn jeden Tag ein paar Stunden grasen. Dies wird mehr als alles andere dazu beitragen, sein Fell weicher zu machen und seinen Darm zu lockern. Wenn eine echte Krankheit auftritt, ist es Zeit, Medikamente einzusetzen; Sie sollten jedoch von jemandem angewendet werden, der sie gründlich versteht.

STRINGHALT.

Dies kommt manchmal bei Maultieren vor. Es handelt sich um ein plötzliches, nervöses, schnelles Zucken eines oder beider Hinterbeine. Bei Maultieren ist es häufig nach einer Stunde Arbeit kaum sichtbar. Ich betrachte es als Gebrechlichkeit, und ein Maultier, das stark davon betroffen ist, ist im Allgemeinen wenig zu gebrauchen. Es ist oft das Ergebnis von Zerrungen, die durch Rückwärtsgehen, Ziehen und Verdrehen und schwere Stürze verursacht werden. Sie können es in seiner leichtesten Form erkennen, indem Sie das Tier kurz nach rechts oder links wenden. Wenden Sie es so nah wie möglich an die Spur, in der es steht, und wenden Sie es dann rückwärts. Wenn es darunter leidet, werden die Symptome auf eine dieser drei Arten auftreten. Es gibt sehr viele Meinungen darüber, ob ein Tier, das an dieser Krankheit leidet, gesund oder gebrechlich ist. Wenn ich jetzt ein gutes Tier hätte, das darunter leidet, wäre der Schmerz, den ich beim Anblick empfinde, ein ernsthafter Nachteil.

KRAMPF.

Ich betreue jetzt mehrere Maultiere, gegen die diese Beschwerde vorliegt. Es schadet ihnen nicht wirklich für ihren Dienst, aber es ist für diejenigen, die sie beauftragen, sehr unangenehm. Es dauert oft eine halbe bis zwei Stunden, sie zu massieren, damit das Blut richtig zirkulieren kann und sie gehen können, ohne ihre Beine zu schleifen. In Fällen, in denen sie gewaltsam angegriffen werden, scheint es, dass sie ihre Beine nicht mehr gebrauchen können. Ich habe Fälle gekannt, in denen ein plötzlicher Schlag mit einem leichten Stück Brett, um eine Überraschung hervorzurufen, es vertreiben würde. In anderen Fällen hätte ein plötzlicher Einsatz der Peitsche den gleichen Effekt.

SPAT.

Es wird allgemein angenommen, dass das Maultier diese Krankheit nicht vererbt. Aber das ist nicht ganz richtig. Kleine, kompakte Maultiere, die nach dem Vorbild des Jack gezüchtet wurden, sind davon tatsächlich nicht betroffen. Im Gegenteil, große Maultiere, die aus großen, groben Stuten gezüchtet wurden, sind sehr häufig davon betroffen. Der Autor betreut derzeit eine ganze Reihe solcher Maultiere, bei denen diese Krankheit sichtbar ist. Manchmal, wenn hart gearbeitet wird, sind sie wund und lahm. Das Einzige, was in diesem Fall zu empfehlen ist, ist eine sorgfältige Behandlung und möglichst viel Ruhe zwischendurch. Das Einreiben der Hände und das Auftragen von stimulierenden Einreibungen oder Arnika-Tinktur ist ungefähr alles, was getan werden kann. Die alte Methode des Brennens und Blasenmachens verursacht nur Folter für das Tier und Kosten für den Besitzer. Eine Heilung kann dadurch niemals erreicht werden und sollte daher niemals versucht werden.

RINGKNOCHEN.

Diese treten bei den gleichen großen, knochigen Maultieren auf, die auch bei Spat vorkommen, und sind unheilbar. Sie können jedoch mit dem gleichen Verfahren gelindert werden, das bei Spat empfohlen wird. Linderung kann auch dadurch erreicht werden, dass man die Fersen der betroffenen Füße auf eine beträchtliche Länge wachsen lässt oder sie mit einem hochhackigen Schuh beschlägt und so das Gewicht oder die Belastung von den verletzten Teilen nimmt. Die einzige Möglichkeit, ein von dieser Krankheit betroffenes Tier optimal zu nutzen, besteht darin, die Versuche zur Erzielung einer Heilung aufzugeben, da diese nur mit Kosten und Enttäuschung verbunden sind.

RÄUDE.

Maultiere sind anfällig für diese Krankheit, wenn sie in großen Gruppen gehalten werden, wie beim Heer. Es handelt sich dabei um eine Hautkrankheit, die der Krätze beim Menschen ähnelt und auf dieselbe Behandlungsmethode anspricht. Eine Mischung aus Schwefel und Schweineschmalz, ein Pint des letzteren auf zwei Pinten des ersteren. Reiben Sie das Tier am ganzen Körper ab und decken Sie es dann mit einer Decke zu. Nachdem es zwei Tage gestanden hat, waschen Sie es mit Schmierseife und Wasser sauber. Lassen Sie das Tier nach diesem Vorgang noch einige Tage zugedeckt, da es sich sonst erkälten kann. Füttern Sie es mit Kleiebrei, reichlich Kochsalz und Wasser. Dies entlastet den Darm so weit wie nötig und kann eine Heilung kaum verfehlen. Eine andere Methode, deren Wirkung jedoch nicht so sicher ist, besteht darin, einen Tabaksud zuzubereiten, etwa ein Pfund der Stängel auf zwei Gallonen Wasser, und diesen so lange zu kochen, bis die Kraft aus dem Kraut herausgelöst ist. Wenn er abgekühlt ist, badet man das Maultier von Kopf bis Fuß darin, lässt es trocknen und striegelt es ein oder zwei Tage lang nicht. Striegeln Sie es dann gut, und wenn der Juckreiz wieder auftritt, wiederholen Sie das Bad zwei- oder dreimal, und es wird eine Heilung bewirken. Dieselbe Behandlung gilt bei Läusen, die häufig auftreten, wenn Maultiere in großen Mengen gehalten werden. Quecksilber sollte niemals in irgendeiner Form, weder innerlich noch äußerlich, bei einem Tier angewendet werden, das so stark exponiert ist wie das Maultier.

FETT-FERSE.

Reinigen Sie die Teile gründlich mit Kastilienseife und warmem Wasser. Sobald Sie die Krankheit entdeckt haben, hören Sie auf, die Beine einzunässen, da dies die Krankheit nur verschlimmert, und verwenden Sie eine Salbe aus folgenden Substanzen: Aktivkohlepulver, zwei Unzen; Schmalz oder Talg, vier Unzen; Schwefel, zwei Unzen. Mischen Sie alles gut miteinander und reiben Sie dann die Salbe mit der Hand gut auf die betroffenen Stellen ein. Wenn dies nicht möglich ist, nehmen Sie Schießpulver, etwas Schmalz oder Talg zu gleichen Teilen und tragen Sie es auf die gleiche Weise auf. Wenn das Tier arm ist und sein Organismus gestärkt werden muss, geben Sie ihm reichlich nahrhaftes Futter, wobei reichlich Kleiebrei mit dem Getreide gemischt wird. Fügen Sie zwei- bis dreimal täglich einen Teelöffel Salz hinzu, da dies dazu beiträgt, den Darm offen zu halten. Wenn der Stallboden, die Böden oder die Höfe schmutzig sind, achten Sie darauf, dass sie ordnungsgemäß gereinigt werden, da Schmutz eine der Ursachen dieser Krankheit ist. Die gleiche Behandlung gilt für Kratzer, da es sich um dieselbe Krankheit in einer anderen Form handelt.

Um Kratzer und Fettabsätze im Winter oder auch zu jeder anderen Jahreszeit zu vermeiden, sollten die Haare an den Fersen des Maultiers niemals geschnitten werden. Auch der Schlamm sollte im Winter nicht abgewaschen werden, sondern muss an den Beinen des Tieres trocknen und dann mit Heu oder Stroh abgerieben werden. Durch das Waschen und das Abschneiden der Haare an den Beinen sind diese nicht mehr geschützt und in vielen Fällen die Ursache für Fettabsätze und Kratzer.

SCHUHE, BESCHLAG UND DER FUSS.

Der Fuß, seine Krankheiten und wie man ihn richtig beschlägt, ist ein viel diskutiertes Thema unter Reitern. Fast jeder Hufschmied und Schmied hat seine eigene Methode, um erkrankte Füße zu heilen und zu beschlagen. Egal wie absurd es auch sein mag, er wird darauf beharren, dass es Vorzüge hat, die allen anderen überlegen sind, und es wäre nahezu unmöglich, ihn von seinem Fehler zu überzeugen. Geschickte Tierärzte verstehen jetzt vollkommen alle Erkrankungen des Fußes und wissen, wie man sie heilen kann. Sie verstehen auch, welche Art von Schuh für die Füße verschiedener Tiere benötigt wird. In letzter Zeit wurden zahlreiche Schuhe erfunden und patentiert, die alle angeblich genau das sind, was zur Linderung und Heilung kranker Füße aller Art benötigt wird. Ein Mann hat einen Schuh, den er „ *konkav* " nennt, und sagt, er heilt Kontraktionen, Hühneraugen, Soor, Viertelrisse, Zehenrisse usw. usw. Aber wenn Sie es genauer untersuchen, werden Sie feststellen, dass es nichts weiter ist als ein schön bearbeitetes Stück Eisen, das fast die Form eines Halbmonds hat. Nach einem fairen Prozess wird man jedoch feststellen, dass es bei der Heilung von Krankheiten oder der Linderung des Tieres nicht wirksamer ist als der gewöhnliche Schuh, den eine Landschmiede verwendet. Ein weiteres erfinderisches Genie taucht auf und behauptet, er habe einen Schuh entdeckt, der alle möglichen kranken Füße heilen könne; und bringt mindestens einen Scheffel Korb voller Briefe von Personen mit, von denen er erklärt, dass sie sich für das Pferd interessieren und die bestätigen, was er über die Vorzüge seines Schuhs gesagt hat. Aber ein kurzer Versuch dieses wunderbaren Schuhs zeigt nur, wie wenig diese Leute das ganze Thema verstehen und wie leicht es ist, Briefe zu bekommen, in denen empfohlen wird, was sie erfunden haben.

Ein anderer hat eine „spezielle Methode" zum Beschlagen, bei der die Zehe genau in der Mitte des Hufs abgeschnitten wird, die Streben an der Innenseite des Hufs abgeschnitten werden, die Innenseite des Hufs rundherum abgeschnitten und gereinigt wird und das Tier dann auf einem Bretterboden stehen lässt, so dass seine Füße in der Position einer Untertasse stehen, bei der vorne ein Stück und hinten zwei Stücke herausgebrochen sind. Dies halte ich für die unmenschlichste Methode in der Kunst des Beschlagens. Drehen Sie diese Untertasse um und sehen Sie, wie wenig Druck sie aushält, und Sie werden eine Vorstellung davon haben, wie grausam diese „spezielle Methode" ist. Manchmal werden Streben und andere Vorrichtungen verwendet, um zu verhindern, dass die Innenseite des Hufs nach unten rutscht. Aber warum sollte man das tun? Warum nicht gleich ein Hufeisen kaufen, das an die Spreizung des Hufs angepasst ist? Tyrells Hufeisen für diesen Zweck ist das beste, das ich bisher gesehen habe. Wir verwenden es seit zwei Jahren im Staatsdienst, und die Erfahrung hat mich gelehrt, dass es Vorteile hat, die nicht übersehen werden sollten. Aber selbst dieses Hufeisen kann von unwissenden Händen zum Nachteil verwendet werden. Tatsächlich können in den Händen eines Schmieds, der „seinen eigenen Weg" bevorzugt, manche Hufe genauso stark geschädigt werden, wie andere davon profitieren. Die US-Armee bietet das größte Feld für die Aneignung praktischer Kenntnisse über die Krankheiten, insbesondere der Hufe, von denen Pferde und Maultiere betroffen sind. Während des letzten Krieges, als den Tieren auf dem Feld so wenig Pflege zuteil wurde, als sie auf jede erdenkliche Weise und durch alle möglichen Unfälle verletzt wurden, fanden die Tierärzte ein Forschungsfeld, wie es noch nie zuvor eröffnet worden war.

Die Erfahrung hat mich gelehrt, dass gesunder Menschenverstand eines der wichtigsten Dinge bei der Behandlung eines Pferdefußes ist. Sie müssen bedenken, dass sich die Füße von Pferden ebenso unterscheiden wie die von Männern und eine unterschiedliche Behandlung erfordern, insbesondere beim Beschlagen. Sie müssen den Fuß nach seinen Besonderheiten und Anforderungen beschuhen, nicht nach einem bestimmten „Schuhsystem". Sorgen Sie für eine waagerechte Bodenoberfläche, lassen Sie den Frosch auf den Boden kommen und das Gewicht des Maultiers lastet genauso auf dem Frosch wie auf jedem anderen Teil des Fußes. Wenn es über den Schuh hinausragt, umso besser. Dafür ist es gemacht, nämlich das Gewicht nach einem elastischen Prinzip aufzufangen. Schneiden Sie es unter keinen Umständen weg. Setzen Sie auf jeder Seite zwei Nägel in den Schuh ein, beide vor dem Schaft, und einen in die Spitze, direkt vor dem Fuß. Lassen Sie die Seiten einen Zentimeter voneinander entfernt, damit Sie den Fuß nicht verletzen oder zerreißen. Lassen Sie die Nägel und Nagellöcher klein sein, denn sie helfen dann, den Fuß zu retten. Es hilft noch weiter, den Huf zu schonen, indem man die Nägel gut in den Huf hineinlaufen lässt, denn so bleibt der Schuh stabiler am Fuß. Der Huf ist an der Oberseite bis auf einen Zoll genau so dick und im Allgemeinen fester und von besserer Substanz als an der Unterseite. Behalten Sie immer den ersten Grund für das Beschlagen im Hinterkopf – dass Sie Ihr Maultier nur deshalb beschlagen, weil seine Füße ohne es den Straßen nicht standhalten. Und wann immer Sie können, beschlagen Sie ihn mit einem Schuh, der genau der Form seines Fußes entspricht. Einige Schmiede bestehen auf einem Schuh und schneiden und formen dann den Fuß dazu. Die erste oder mittlere Fläche des Hufes, die durch die besondere Art des Hufes verhärtet ist, zeigt die Art und Weise an, in der das Tier beschlagen werden sollte. Alle Kunst der Welt kann dies nicht verbessern, denn es ist das Vorbild der Natur. Achten Sie darauf, dass die Schuhe möglichst leicht sind und, wenn möglich, ohne Fersen sind, da das Maultier auf ihnen immer unsicher unterwegs ist. Der Goodenough-Schuh ist dem alten Kalbslederschuh weit überlegen und eignet sich für alle Zwecke, bei denen Halt erforderlich ist. Auch in gebirgigen Ländern ist es gut, und es besteht keine Gefahr, dass sich das Tier damit verkalkt. Ich habe die unterschiedliche Wirkung von Schuhen beim Marschieren von Truppen sorgfältig beobachtet. Ich begleitete die Siebte Infanterie im Jahr 1858 auf ihrem Marsch nach Cedar Valley in Utah über eine Distanz von vierzehnhundert Meilen und bemerkte, dass kaum ein Mann, der reguläre Schuhe trug, eine Blase an den Füßen hatte, während die Zivilisten dies nicht taten , fielen ständig heraus und fielen nach hinten, weil sie enge und unpassende Schuhe und Stiefel trugen. Das Gleiche gilt auch für das Tier. Der Fuß muss etwas Flaches und Breites zum Abstützen haben. Die erste Sorge derjenigen, die für Maultiere verantwortlich sind, sollte darin bestehen, darauf zu achten, dass ihre Füße so naturnah wie möglich gehalten werden. Wenn dann alle Naturgesetze beachtet und strikt befolgt werden, werden die Füße des Tieres in seinem häuslichen Zustand genauso lange halten und so gesund sein, wie es in einem natürlichen Zustand wäre.

Der gewöhnlichste Beobachter wird schnell feststellen, dass der äußere Teil oder die Hülle des Maultierfußes sehr wenig tierisches Leben besitzt und keine Empfindsamkeit besitzt, wie das Haar oder die Hülle des Körpers. Tatsächlich ist der Fuß des Pferdes und Maultiers ein dichter Hornblock und muss daher von bestimmten chemischen Gesetzen beeinflusst und beherrscht werden, die die Elemente kontrollieren, die mit ihm in Kontakt kommen. Daher sind die Füße dieser Tiere so geschaffen, dass sie auf dem harten Boden stehen und jedes Mal, wenn das Pferd trinkt, natürlich nass werden. Dürre und Hitze ziehen die Substanz, aus der die Füße bestehen, zusammen und machen sie hart und spröde; andererseits lassen Kälte und Feuchtigkeit sie sich ausdehnen und machen sie biegsam und weich. Die Natur hat alles Notwendige bereitgestellt, um diesen Fuß zu erhalten und zu schützen, solange sich das Tier in seinem natürlichen Zustand befindet; aber wenn er in den häuslichen Gebrauch gebracht wird, erfordert es den gesunden Menschenverstand des Menschen, dessen Diener er ist, diese Mittel, die die Natur bereitgestellt hat, künstlich einzusetzen, um ihn vollkommen gesund zu erhalten.

Wenn der Fuß dann in einem gesunden Zustand ist, befeuchten Sie ihn mindestens zweimal täglich; und begnügen Sie sich nicht damit, einfach nur kaltes Wasser auf die Außenseite zu schütten, denn der Fuß nimmt durch die Wand sehr wenig oder gar keine Feuchtigkeit auf. Kurz gesagt: Die meiste Feuchtigkeit nimmt es über den Strahl und die Sohle auf, insbesondere im Bereich der Sohlenverbindung mit der Wand. Wenn dieser durch einen engen Schuh abgedeckt wird, verschließt er das Medium und verhindert die ordnungsgemäße Zufuhr. Beschlagene Pferde sollten möglichst an feuchten Orten stehen. Verwenden Sie Lehm- oder Lehmböden, insbesondere wenn das Pferd die meiste Zeit stehen muss. Stein oder Ziegel eignen sich am besten, da der Fuß des Tieres die Feuchtigkeit aus beiden Materialien aufnimmt. Am schlimmsten sind trockene Kiefernbretter, da sie dem Pferdefuß Feuchtigkeit entziehen. Wo Tiere die meiste Zeit untätig stehen müssen, sollten Sie ihre Füße nachts gut mit Kuhmist füllen. Das ist das beste und günstigste Fußkonservierungsmittel, das Sie verwenden können.

RAT FÜR SCHMIEDE.

Um der Menschheit willen möchte ich Sie ermahnen, dass Sie den Wert einer freundlichen Behandlung nicht vergessen, wenn Sie sich zum ersten Mal daran machen, ein junges Tier zu beschlagen. Halten Sie den Kopf vom grellen Feuer, dem klirrenden Amboss usw. usw. fern. Lassen Sie den Mann, an den er gewöhnt ist, den Bräutigam oder Besitzer, an seiner Spitze stehen und freundlich mit ihm sprechen. Wenn Sie sich ihm zum ersten Mal nähern, gehen Sie ohne die Utensilien aus, die Sie zum Beschlagen des Tieres verwenden. Sprich sanft mit ihm und nimm dann seinen Fuß. Wenn er Ihnen dies verweigert, überlassen Sie es der Person, die ihn beauftragt hat. Ein junges Tier wird dies bei einer Person, an die es gewöhnt ist, zulassen, während es einen Fremden abstößt. Indem Sie ihn freundlich behandeln, können Sie ihm klar machen, was Sie wollen. Wenn du ihn beschimpfst, wirst du ihn nur so einschüchtern, dass er hartnäckig wird. Wenn Sie das Tier vollkommen unter Kontrolle gebracht haben, untersuchen Sie den Fuß sorgfältig, und Sie werden feststellen, dass die Fersen am hinteren Teil des Strahls völlig frei von diesem Glied sind, das weich und schwammig ist. Wenn der Fuß abgesenkt ist und auf dem Boden ruht, fassen Sie die Fersen mit Ihrer starken Hand, drücken Sie sie nach innen in Richtung Strahl, und Sie werden sofort feststellen, dass sie nachgeben. Sie werden dann sehen, dass sich das, was dem bloßen Druck der Hand so leicht nachgibt, ausdehnt und ausdehnt, wenn das Gewicht des Körpers darauf lastet. Dies sollte Ihnen eine Vorstellung davon geben, was Sie tun müssen, um diesen Fuß zu beschlagen, und Ihr praktisches Wissen sollte Ihnen bei einer Auseinandersetzung mit einem dieser „gelehrten Professoren" helfen, die behaupten, dass sich der Fuß des Maultiers nicht ausdehnt oder zusammenzieht. In Wahrheit ist es eine seiner notwendigen Bedingungen. Nach längerem Tragen schlechter Schuhe geht dieses notwendige Prinzip des Fußes fast oder vollständig verloren. Sie sollten sich daher darum bemühen, es zu bewahren. Und hier möchte ich Ihnen die wenigen Hilfserfahrungen mitteilen, die mir ermöglicht wurden. Sie werden feststellen, dass die Bodenoberfläche des Fußes, egal wie hoch das Fußgewölbe auch sein mag, mindestens einen halben Zoll breit ist, manchmal sogar mehr als einen Zoll, wobei die Fersen im äußeren Viertel gespreizt sind. Schneiden Sie diese wichtige Stütze nicht ab. Es ist für die Ferse des Tieres ebenso wichtig, es vor seitlicher Bewegung zu schützen, von der die gesamte obige Struktur abhängt, wie die Zehen für den Menschen. Biegen Sie die Außenseite des Schuhs fast so, dass er sich dem Fuß anpasst, und Sie werden feststellen, dass der Innenabsatz etwas gerader ist, insbesondere wenn das Tier schmalbrüstig ist und die Füße eng beieinander stehen. Die Natur hat diesen Schutz bereitgestellt, um zu verhindern, dass es das andere Bein trifft. Nachdem der Schuh, wie ich zuvor beschrieben habe, so vorbereitet ist, dass er an den Fuß passt, raspeln Sie die untere Ebene ab – Sie werden feststellen, dass dies nahezu der Fall ist. Führen Sie kein Messer an die Sohle oder den Strahl. Denken Sie daran, die Fußsohle ist ihr Leben und der Frosch ihr Beschützer. Beim Stanzen des Schuhs genügen zwei Nagellöcher an einer Seite eines solchen Fußes, um einen Schuh festzuhalten. Drei können verwendet werden, wenn sie an den richtigen Stellen angebracht sind, ohne den Fuß zu verletzen. Die Praxis wird Ihnen zeigen, dass weitere Nagelarbeiten unnötig sind. Ich habe zwei Nägel an einer Seite eines Tieres verwendet, das nicht den besten Fuß und eine sehr hohe Aktion hatte, und er hat sie vollständig abgenutzt, ohne einen von ihnen abzuwerfen. Beobachten Sie vor dem Stanzen des Schuhs die Maserung des Fußes. Man erkennt, dass die Fasern des Hufes bei den meisten Füßen in einem Winkel von etwa 45 Grad von der Oberseite des Fußes bzw. der Herzkranzkante zur Zehe verlaufen. Es ist also klar, dass, wenn die Nägel mit der Maserung des Horns eingeschlagen werden, sie sich viel leichter einschlagen lassen, besser halten und weniger dazu neigen, die Fasern zu schneiden und zu reißen.

Dieser Nagelvorgang bietet noch einen weiteren Vorteil. Wenn der Huf auf den Boden kommt, wirken die Nägel wie eine Stütze, die verhindert, dass der Huf nach vorne vom Hufeisen rutscht. Dadurch wird der sehr raffinierte Hufzerstörer, der Zehenclip, überflüssig. Halten Sie dann beim Stanzen des Hufeisens die Spitze des Pritchells in Richtung der Ferse des Hufeisens, damit das Loch im Hufeisen in einem Winkel zur Maserung des Hufs liegt. Stanzen Sie die Löcher groß genug, damit die Nägel nicht im Hufeisen stecken bleiben und kein unnötiges Hämmern oder Quetschen des Hufs erforderlich ist, um sie an die richtige Stelle zu bringen. Bereiten Sie die Nägel gut vor, spitzen Sie sie dünn und schmal und verwenden Sie, wie ich bereits sagte, so kleine Nägel wie möglich.

Halten Sie beim Nageln des Schuhs die Unterseite leicht fest, um sicherzustellen, dass der Nagel in der Fußwand und nicht in der Sohle ansetzt. Lassen Sie es so hoch wie möglich herauskommen. Sie brauchen keine Angst davor zu haben, sich mit den auf diese Weise gesetzten Nägeln zu stechen, da die Wand des Fußes genauso dick ist, bis Sie bis auf einen halben Zoll an die Spitze herankommen, da dort, wo Sie den Nagel setzen. Auf diese Weise eingeschlagene Nägel verletzen die Füße weniger, halten länger und sind stärker als auf andere Weise eingeschlagene Nägel. Wenn Sie diesbezüglich Zweifel haben, testen Sie es folgendermaßen: Wenn Sie einen alten Schuh ausziehen, um einen neuen einzusetzen, und die Klammern durchschneiden (was auf jeden Fall erfolgen sollte), finden Sie den alten Nagel und die Klammern nicht gestartet; und wenn du den Nagel herausziehst, wirst du auch feststellen, dass der Fuß nicht verrutscht oder gerissen ist; und dass das Horn den Nagel bindet, bis er vollständig herausgezogen ist. Tatsächlich habe ich erlebt, dass sich das Loch fast schloss, als der Nagel es verließ.

Setzen Sie die beiden vorderen Nägel gut in Richtung Zehe, so dass sie nicht mehr als zwei Zoll voneinander entfernt sind, wenn sie über die Unterseite des Hufs gemessen werden. Die nächsten beiden Nägel sollten den Abstand von dort bis zur Ferse teilen, so dass je nach Form des Hufs zwei bis zweieinhalb Zoll frei von Nägeln bleiben. Schlagen Sie zuletzt, bevor Sie das Hufeisen annageln und während es auf dem Amboss kalt ist, mit dem Hammer ein paar Mal quer über die Fersen auf die Oberfläche, die außen am Huf anliegt, und achten Sie auch darauf, dass die Außenseite der Fersen etwas tiefer liegt, damit das Tier, wenn es sein Gewicht darauf verlagert, sich ausbreitet und seine Füße nicht eingeklemmt werden.